더 월드 197

The World 197

피치플럼

세계지도

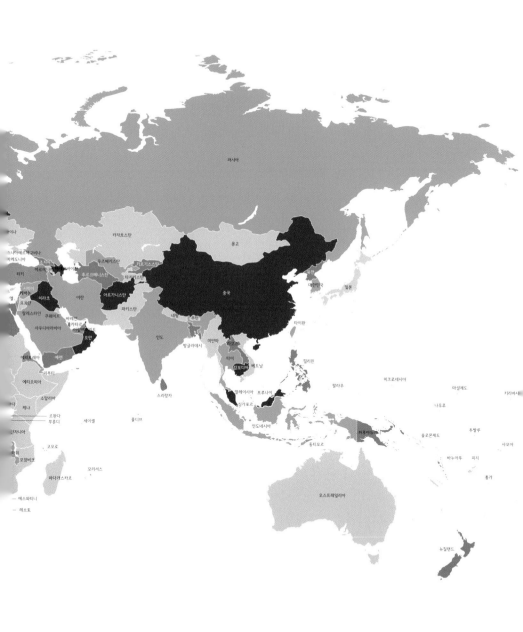

세계표준시 (Coordinated Universal Time)

1:00	2:00	3:00	4:00	5:00	6:00	7:00	8:00	9:00	10:00	11:00	12:00
-11	-10	-9	-8	-7	-6	-5	-4	-3	-2	-1	0

15:00	16:00	17:00	18:00	19:00	20:00	21:00	22:00	23:00	24:00	00:00	1:00
+3	+4	+5	+6	+7	+8	+9	+10	+11	+12	-12	-11

국가 ㅂ~ㅇ

국가 ㅇ~ㅎ

유엔헌장 제2장 4조 2항
국가를 유엔 회원국으로 승인하는 절차는 안전보장이사회의 권고에 따른 총회의 결정을 통해 이루어진다.

Afghanistan	128	China	163
Albania	130	Colombia	181
Algeria	131	Comoros	177
Andorra	129	Congo(Brazzaville)	182
Angola	132	Congo(Kinshasa)	183
Antigua and Barbuda	133	Costa Rica	179
Argentina	123	Cote d'Ivoire	180
Armenia	122	Croatia	186
Australia	143	Cuba	184
Austria	144	Cyprus	99
Azerbaijan	127	Czechia	168
Bahamas	78	Denmark	38
Bahrain	75	Djibouti	165
Bangladesh	79	Dominica	40
Barbados	76	Dominican Republic	39
Belarus	84	Ecuador	137
Belgium	83	Egypt	154
Belize	85	El Salvador	139
Benin	80	Equatorial Guinea	161
Bhutan	91	Eritrea	134
Bolivia	88	Estonia	136
Bosnia and Herzegovina	86	Eswatini	135
Botswana	87	Ethiopia	138
Brazil	95	Fiji	210
Brunei	96	Finland	211
Bulgaria	94	France	209
Burkina Faso	90	Gabon	18
Burundi	89	Gambia	20
Cabo Verde	171	Georgia	162
Cambodia	174	Germany	41
Cameroon	170	Ghana	17
Canada	175	Greece	23
Central African Republic	164	Grenada	22
Chad	167	Guatemala	21
Chile	169	Guinea	24

United Nations Chapter II Article 4-2
The admission of any such state to membership in the United Nations will be effected by a decision of the General Assembly upon the recommendation of the Security Council.

Guinea-Bissau	25	Malawi	57
Guyana	19	Malaysia	58
Haiti	125	Maldives	68
Holy See (Vatican City)	77	Mali	59
Honduras	145	Malta	69
Hungary	213	Marshall Islands	56
Iceland	124	Mauritania	64
India	156	Mauritius	63
Indonesia	157	Mexico	60
Iran	152	Micronesia	73
Iraq	151	Moldova	67
Ireland	126	Monaco	61
Israel	153	Mongolia	70
Italy	155	Montenegro	66
Jamaica	159	Morocco	62
Japan	158	Mozambique	65
Jordan	146	Myanmar	72
Kazakhstan	172	Namibia	26
Kenya	176	Nauru	27
Kiribati	188	Nepal	32
Korea, North	93	Netherlands	31
Korea, South	37	New Zealand	34
Kosovo	178	Nicaragua	36
Kuwait	185	Niger	35
Kyrgyzstan	187	Nigeria	28
Laos	43	North Macedonia	92
Latvia	45	Norway	33
Lebanon	47	Oman	142
Lesotho	48	Pakistan	202
Liberia	44	Palau	204
Libya	52	Palestine	205
Liechtenstein	54	Panama	200
Lithuania	53	Papua New Guinea	203
Luxembourg	50	Paraguay	201
Madagascar	55	Peru	206

Country P~Z

Philippines	212	Thailand	189
Poland	208	Timor-Leste	42
Portugal	207	Togo	194
Qatar	173	Tonga	195
Romania	49	Trinidad and Tobago	199
Russia	46	Tunisia	198
Rwanda	51	Turkey	193
Saint Kitts and Nevis	107	Turkmenistan	196
Saint Lucia	105	Tuvalu	197
Saint Vincent and the Grenadines	106	Uganda	147
Samoa	97	Ukraine	150
San Marino	100	United Arab Emirates	121
Sao Tome and Principe	101	United Kingdom	140
Saudi Arabia	98	United States	71
Senegal	102	Uruguay	148
Serbia	103	Uzbekistan	149
Seychelles	104	Vanuatu	74
Sierra Leone	119	Venezuela	81
Singapore	120	Vietnam	82
Slovakia	116	Yemen	141
Slovenia	117	Zambia	160
Solomon Islands	109	Zimbabwe	166
Somalia	108		
South Africa	30		
South Sudan	29		
Spain	115		
Sri Lanka	112		
Sudan	110		
Suriname	111		
Sweden	113		
Switzerland	114		
Syria	118		
Taiwan	190		
Tajikistan	191		
Tanzania	192		

더 월드 197

The World 197

유엔(UN)은 193개의 회원국과 2개의 비회원국 옵서버 국가(Non-Member Observer State)로 구성되어 있다(195개국). 비회원국 옵서버 국가는 교황청(Holy See)과 팔레스타인(State of Palestine)이다. 대만(Taiwan)과 코소보(Kosovo)는 현재 유엔 회원국이 아니지만, 실체적인 국가이다.

읽어보기

국가는 한글 가나다 순서로 되어 있습니다.
국기 이미지는 각 국가가 정한 비율에 따른 크기입니다.
위치는 국가의 지리적 위치를 기준으로 하였습니다.
인구는 2020년 7월 추계(예상) 자료입니다. (미국중앙정보부)
UTC는 협정표준시(Coordinated Universal Time)로 영국 런던(London)을 기준(0)으로 +,−로 시간을 계산합니다.
(한국표준시는 UTC+9로, 영국보다 9시간 빠릅니다.)
전압, 소켓 타입은 국제전기기술위원회의 자료를 참고했습니다.
제1도시, 제2도시의 구분은 국가별 가장 최신의 인구수에 따른 분류입니다.
입헌군주제 국가의 국가 문장(紋章)은 큰 버전(Greater Version)과 작은 버전(Lesser Version)의 두 종류가 있는 경우가 있으며,
이 경우에 큰 버전을 기본으로 채택했습니다.
대한민국 외교부, 법제처, 세계은행(World Bank), 유엔(UN), IMF, 미국 CIA, 미의회 도서관, 스위스 IEC 등의 자료를 참고했습니다.

가나

Ghana
Republic of Ghana

범(汎)아프리카 색인 빨간색, 노란색, 녹색의 수평 띠로 구성되어 있으며, 중앙에는 검은색 5각 별이 있다. 빨간색은 독립을 위해 흘린 피를, 노란색은 광물자원을, 녹색은 가나의 숲과 풍부한 천연자원을 나타낸다. 검은 별은 아프리카 대륙과 아프리카인의 자유를 상징한다. 국가 문장(紋章)의 방패에는, 녹색의 성 게오르기우스(St. George) 십자가와 그 안에 있는 황금 사자(영국과의 지속적인 관계), 칼과 지팡이(권위), 기니 만의 성(Osu Castle, 대통령 궁), 카카오나무(농업), 금광 설비(광물자원)가 그려져 있다. 방패 위에는 검은 별이, 양옆에는 훈장(Order of the Star of Ghana)을 목에 건 금색 초원 독수리(Aquila Rapax)가 있다. 문장 하단의 스크롤에는 가나의 모토 '자유와 정의'가 적혀 있다.

위치	📍	서부 아프리카 서경 2도, 북위 8도
국토면적(㎢)		238,533(한반도의 1.1배)
인구(명)		29,340,248
수도		아크라(Accra)
민족구성(인종)		아칸(47.5%), 몰-다그바니(16.6%), 에웨(13.9%)
언어		영어
종교		기독교(58%), 이슬람교(17.6%), 로마 가톨릭(13.1%)
정치체제		대통령중심제
독립		1957. 03. 06(영국)
외교관계(한국)		1977. 11. 14
통화		세디(Cedi)
타임존		UTC+0
운전방향		오른쪽
국제전화		+233
인터넷		.gh
전압		230V, 50Hz
소켓타입		D/G
제1도시		아크라(Accra)
제2도시		쿠마시(Kumasi)
대표음식		푸푸(Fufu), 반쿠(Banku)

가봉

Gabon
Gabonese Republic

녹색, 노란색, 파란색의 삼색 수평 띠로 이루어져 있다. 녹색은 가봉의 울창한 숲과 천연자원을 나타내고, 노란색은 태양과 적도(Equator, 赤道, 적도가 가봉을 지난다)를, 파란색은 바다를 나타낸다. 국가 문장(紋章) 중앙에 있는 방패에는 세 개의 노란 원(풍부한 광물)과 밝은 미래를 향해가는 범선이 있고, 이를 흑표범(Panther, 경계와 용기)이 들고 있다. 방패 뒤에는 오쿠메 나무(Okoumé Tree, 목재 산업)와 '단결하여 전진한다'(Uniti Progrediemur)가 라틴어로 적힌 스크롤이 있고, 방패 아래에는 가봉의 모토인 '단결, 노동, 정의'(Union, Travail, Justice)가 불어로 쓰여 있다.

FACTS & FIGURES

위치	⊙ 중앙 아프리카 동경 11도 45분, 남위 1도
국토면적(㎢)	⊕ 267,667(한반도의 1.2배)
인구(명)	⫙ 2,230,908
수도	⊛ 리브르빌(Libreville)
민족구성(인종)	◔ 팡(23.2%), 시라-푸누(18.9%)
언어	🅰 불어
종교	† 로마 가톨릭(42.3%), 기독교(12.3%), 이슬람교(9.8%)
정치체제	🏛 대통령중심제
독립	⚱ 1960. 08. 17(프랑스)
외교관계(한국)	⚑ 1962. 10. 01
통화	$ 세파 프랑(CFA Franc)
타임존	⊙ UTC+1
운전방향	◈ 오른쪽
국제전화	📞 +241
인터넷	🛜 .ga
전압	💡 220V, 50Hz
소켓타입	☺ C
제1도시	▌ 리브르빌(Libreville)
제2도시	▯ 포르장티(Port-Gentil)
대표음식	🍴 풀레 넴브웨(Poulet nyembwe)

가이아나

Guyana
Cooperative Republic of Guyana

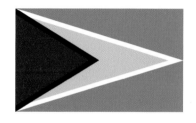

녹색 바탕에 흰색 테두리가 있는 노란 삼각형과 검은색 테두리가 있는 빨간 삼각형이 우측으로 뻗어 있다. 삼각형이 화살촉을 닮았다고 하여, 가이아나의 국기를 '황금색 화살촉'(Golden Arrowhead)으로 부르기도 한다. 녹색은 숲과 농업을, 노란색은 광물자원과 밝은 미래를, 흰색은 강을, 빨간색은 국민의 열정과 희생을, 검은색은 인내를 상징한다. 국가 문장(紋章) 속 방패에는 빅토리아 수련(Victoria Lily, 國花), 파란 물결(강), 호아친(꿩, Canje Pheasant, 國鳥)이 있다. 방패 위에는 투구와 다이아몬드가 박힌 추장의 왕관이 있고, 옆에는 재규어가 곡괭이(광업), 사탕수수와 벼 이삭(농업)을 들고 있다. 문장 하단에는 가이아나의 모토 '하나의 국민, 하나의 국가, 하나의 운명'가 적혀 있다.

FACTS & FIGURES

위치	◉	남아메리카
		서경 59도, 북위 5도
국토면적(㎢)	⑤	214,969(한반도의 98%)
인구(명)	♟	750,204
수도	◉	조지타운(Georgetown)
민족구성(인종)	◖	동인도(39.8%), 아프리카(29.3%), 혼혈(19.9%)
언어	文A	영어, 크레올어
종교	†	기독교(34.8%), 힌두교(24.8%)
정치체제	🏛	의원내각제
독립	♆	1966. 05. 26(영국)
외교관계(한국)	⚐	1968. 06. 13
통화	$	가이아나 달러(Guyanese Dollar)
타임존	◷	UTC-4
운전방향	◈	왼쪽
국제전화	☎	+592
인터넷	📶	.gy
전압	♀	240V, 60Hz
소켓타입	☺	A/B/D/G
제1도시	▉	조지타운(Georgetown)
제2도시	▯	린던(Linden)
대표음식	🍴	페퍼팟(Pepper Pot)

감비아

Gambia
Republic of The Gambia

빨간색, 파란색, 녹색의 수평 띠로 이루어졌으며, 파란색 띠 위아래에는 얇은 흰 띠가 있다. 빨간색은 태양과 대초원(Savannah)을, 파란색은 감비아(Gambia)강을, 녹색은 숲과 농업을 상징하며, 흰색 두 줄은 국가의 단결과 평화를 상징한다. 국가 문장(紋章)의 중앙에는, 도끼와 괭이를 든 두 마리 사자가 도끼와 괭이가 그려진 방패를 들고 있다. 방패 위에는 투구와 감비아를 상징하는 야자나무가 있고, 방패 아래에는 감비아의 모토인 '진보, 평화, 번영'(Progress, Peace, Prosperity)이 적힌 스크롤이 있다. 사자는 영국 식민지의 역사를, 도끼와 괭이는 농업과 이 나라의 주요 인종인 만딩고(Mandinka)족과 풀라니(Fulani)족을 의미한다.

FACTS & FIGURES

위치	📍	서부 아프리카 서경 16도 34분, 북위 13도 28분
국토면적(㎢)	🌐	11,300(한반도의 1/20)
인구(명)	👫	2,173,999
수도	🏛	반줄(Banjul)
민족구성(인종)	🥧	만딩고(34%), 풀라니(22.4%), 월로프(12.6%)
언어	🗛	영어, 만딩고어
종교	✝	이슬람교(95.7%)
정치체제	🏛	대통령중심제
독립	🏆	1965. 02. 18(영국)
외교관계(한국)	🚩	1965. 04. 21
통화	💲	달라시(Dalasi)
타임존	🕐	UTC+0
운전방향	◈	오른쪽
국제전화	📞	+220
인터넷	📶	.gm
전압	🔌	230V, 50Hz
소켓타입	☺	G
제1도시	▮	세레쿤다(Serekunda)
제2도시	🔖	브리카마(Brikama)
대표음식	🍴	베나친(Benachine), 도모다(Domoda)

과테말라

Guatemala
Republic of Guatemala

하늘색, 흰색, 하늘색의 수직 띠로 이루어진 중앙에 과테말라의 국조(國鳥)인 케찰(Quetzal)이 노란 양피지 두루마리 위에 앉아 있다. 두루마리에는 '1821년 9월 15일 독립'이라는 내용이 스페인어로 적혀있고 케찰은 자유를 상징한다. 두루마리 밑에는 총과 칼이 교차하고 있으며, 총은 국가의 수호를, 칼은 명예를 상징한다. 승리를 상징하는 월계수 화환은 이를 둘러싸고 있다. 하늘색은 태평양과 카리브해를, 흰색은 평화와 순수함을 상징한다.

FACTS & FIGURES

위치	📍	중미 서경 90도 15분, 북위 15도 30분
국토면적(㎢)	🌐	108,889(한반도의 1/2)
인구(명)	👫	17,153,288
수도	🏛	과테말라시티(Guatemala City)
민족구성(인종)	🌓	메스티조(56%), 마야(41.7%)
언어	🗣	스페인어(70%), 마야어(29.7%)
종교	✝	로마 가톨릭(47%), 기독교(40%)
정치체제	🏛	대통령중심제
독립	⚑	1821. 09. 15(스페인)
외교관계(한국)	🏳	1962. 10. 24
통화	💲	케찰(Quetzal)
타임존	🕐	UTC-6
운전방향	◈	오른쪽
국제전화	📞	+502
인터넷	📶	.gt
전압	💡	120V, 60Hz
소켓타입	🔌	A/B
제1도시	📕	과테말라시티(Guatemala City)
제2도시	🔖	믹스코(Mixco)
대표음식	🍴	피암브레(Fiambre), 페피안(Pepian)

그레나다

Grenada

별이 6개가 있는 빨간색(화합, 단결, 용기) 테두리 안에는 노란색(태양, 따뜻한 인정)과 녹색(식물, 농업) 삼각형이 있고, 그 중앙에 노란 5각 별이 있는 빨간 원이 있다. 왼쪽 녹색 삼각형에는 육두구(양념, 향신료, 그레나다는 세계적인 육두구의 생산지)가 있고, 별은 수도 세인트조지스를 포함한 7개의 행정구역을 의미한다. 국가 문장(紋章)의 방패에는 콜럼버스의 산타마리아(Santa Maria)호가 있는 노란 십자가, 사자(2), 초승달과 백합(2)이 있고, 그 위로 헬멧, 부겐빌레아(Bougainvillea), 빨간 장미(7) 화환이 있다. 방패 왼쪽에는 옥수수와 아르마딜로가, 오른쪽에는 바나나 나무와 비둘기가 있다. 문장 하단에는 산과 호수(Grand Etang Lake)가 있고, 스크롤에는 그레나다의 모토가 쓰여 있다.

FACTS & FIGURES

위치	📍	중미 카리브 서경 61도 40분, 북위 12도 7분
국토면적(㎢)	🌐	344(서울시의 4/7)
인구(명)	👫	113,094
수도	⭐	세인트조지스(St. George's)
민족구성(인종)	🥧	아프리카(82.4%), 혼혈(13.3%)
언어	🈯	영어
종교	✝	기독교(49.2%), 로마 가톨릭(36%)
정치체제	🏛	의원내각제
독립	🏆	1974. 02. 07(영국)
외교관계(한국)	🏳	1974. 08. 01
통화	💲	동카리브 달러(East Caribbean Dollar)
타임존	🕐	UTC-4
운전방향	🔷	왼쪽
국제전화	📞	+1-473
인터넷	📶	.gd
전압	💡	230V, 50Hz
소켓타입	☺	G
제1도시	📕	세인트조지스(St. George's)
제2도시	📖	구야브(Gouyave)
대표음식	🍴	오일다운(Oildown)

그리스

Greece
Hellenic Republic

파란색(5) 수평 띠와 흰색(4)의 수평 띠가 교대로 배치되어 있으며, 왼쪽 상단(Canton)의 파란 정사각형 안에는 흰색 십자가(Cross)가 있다. 십자가는 그리스의 전통 종교인 그리스 정교를 나타낸다. 9개의 수평 띠는 오스만 제국과의 독립전쟁 때 외친 구호 '자유(5) 또는 죽음(4)을'의 9개 그리스어 음절을 나타내며(다수설), 그리스 신화에 나오는 예술과 학문을 관장하는 아홉(9) 여신(Muses)을 상징하기도 한다. 파란색은 푸른 하늘과 지중해를 나타낸다. 국가 문장(紋章)에는 그리스 십자가(Greek Cross, 길이가 같은 십자가)가 있는 파란 선형(Hatching) 방패가 있으며, 그 주위를 월계수 잎이 감싸고 있다.

FACTS & FIGURES

위치	📍	남부 유럽
		동경 22도, 북위 39도
국토면적(㎢)	🌐	131,957(한반도의 2/3)
인구(명)	👫	10,607,051
수도	🏛	아테네(Athens)
민족구성(인종)	🌍	그리스(91.6%)
언어	🗚	그리스어
종교	✝	그리스 정교(90%)
정치체제	🏛	의원내각제
독립	♕	1830. 02. 03(오스만 제국)
외교관계(한국)	🚩	1961. 04. 05
통화	$	유로(Euro)
타임존	🕐	UTC+2
운전방향	◈	오른쪽
국제전화	📞	+30
인터넷	📶	.gr
전압	💡	230V, 50Hz
소켓타입	☺	C/F
제1도시	📖	아테네(Athens)
제2도시	🔖	테살로니키(Thessaloniki)
대표음식	🍴	지로(Gyro), 수블라키(Souvlaki)

기니

Guinea
Republic of Guinea

범(汎)아프리카 색인 빨간색, 노란색, 녹색의 수직 띠로 이루어져 있다. 빨간색은 해방과 독립 투쟁에서 흘린 피를 의미하며, 노란색은 태양, 대지의 풍요로움, 정의를, 녹색은 기니의 농업과 단결을 상징한다. 국가 문장(紋章)에는 비둘기가 황금 올리브 가지를 물고 있으며, 방패 하단에는 국기를 상징하는 색이 있다. 문장 아래에는 기니의 모토인 '노동, 정의, 연대'(Travail, Justice, Solidarité)가 불어로 쓰여 있다.

FACTS & FIGURES

위치	⊙ 서부 아프리카 서경 10도, 북위 11도
국토면적(㎢)	🌐 245,857(한반도의 1.1배)
인구(명)	👫 12,527,440
수도	⊛ 코나크리(Conakry)
민족구성(인종)	◗ 풀라니(33.4%), 만딩고(29.4%), 수수(21.2%)
언어	🗛 불어
종교	† 이슬람교(89.1%), 기독교(6.8%)
정치체제	🏛 대통령중심제
독립	♔ 1958. 10. 02(프랑스)
외교관계(한국)	⚑ 2006. 08. 28
통화	$ 기니 프랑(Guinean Franc)
타임존	⏰ UTC+0
운전방향	◈ 오른쪽
국제전화	📞 +224
인터넷	🛜 .gn
전압	💡 220V, 50Hz
소켓타입	☺ C/F/K
제1도시	📑 코나크리(Conakry)
제2도시	▯ 은제레코레(Nzérékoré)
대표음식	🍴 풀레 야사(Poulet Yassa)

기니비사우

Guinea-Bissau
Republic of Guinea-Bissau

수직의 빨간색 띠와 노란색과 녹색의 수평 띠로 구성되어 있다. 빨간 띠 중앙에는 검은 5각 별 하나가 있다. 노란색은 태양을, 녹색은 희망을, 빨간색은 독립투쟁에서 흘린 피를 상징하며, 검은 별은 아프리카의 단결을 의미한다. 포르투갈로부터의 독립투쟁을 주도한 '기니비사우-카보베르데 아프리카 독립당'(PAIGC)의 깃발에서 유래하였다. 국가 문장(紋章)에는 빨간색 바탕에 아프리카의 검은 별(Black Star of Africa)이 있고, 이를 올리브 가지가 에워싸고 있다. 문장 아래에는 조가비가 있고, 흰색 스크롤에는 기니비사우의 모토인 '단결, 투쟁, 진보'(Unidade, Luta, Progresso)가 포르투갈어로 쓰여 있다. 조가비는 기니비사우가 서아프리카 연안에 있는 나라임을 나타낸다.

FACTS & FIGURES

위치	◎	서부 아프리카
		서경 15도, 북위 12도
국토면적(㎢)	⑤	36,125(한반도의 1/6)
인구(명)	ⅲ	1,927,104
수도	⊛	비사우(Bissau)
민족구성(인종)	◕	풀라니(28.5%), 발란타(22.5%), 만딩고(14.7%)
언어	㉆	포르투갈어, 크레올어
종교	†	이슬람교(45.1%), 기독교(22.1%), 무속신앙(14.9%)
정치체제	🏛	대통령중심제
독립	♔	1973. 09. 24(포르투갈)
외교관계(한국)	⚐	1983. 12. 22
통화	$	세파 프랑(CFA Franc)
타임존	◷	UTC+0
운전방향	◈	오른쪽
국제전화	☏	+245
인터넷	📶	.gw
전압	💡	220V, 50Hz
소켓타입	☺	C
제1도시	◼	비사우(Bissau)
제2도시	⊓	가부(Gabú)
대표음식	▥	베나친(Benachine)

나미비아

Namibia
Republic of Namibia

흰색 경계선이 있는 빨간색 띠가 왼쪽 아래에서부터 대각선으로 뻗어 있다. 왼쪽 상단의 파란 삼각형 안에는 노란 태양이 빛나고, 오른쪽 하단에는 녹색 삼각형이 있다. 빨간색은 나미비아 국민의 영웅심과 결단을 상징하고, 흰색은 평화와 단결을, 파란색은 하늘과 대서양(Atlantic Ocean), 물과 비를 상징한다. 녹색은 초목과 농업을, 노란색은 따뜻함과 나미브 사막(Namib Desert)을, 태양은 생명과 에너지를 의미한다. 국가 문장(紋章) 속 방패에는 나미비아의 국기가 있고, 그 위에는 아프리카 물수리가, 좌우에는 오릭스(Oryx, 영양)가, 아래에는 나미브 사막에서만 자란다는 웰위치아(Welwitschia mirabilis, 세계적인 희귀종 식물)가 있다. 문장 하단의 스크롤에는 나미비아의 모토 '단결, 자유, 정의'가 쓰여 있다.

FACTS & FIGURES

위치	⊙ 남부 아프리카
	동경 17도, 남위 22도
국토면적(㎢)	🌎 824,292(한반도의 3.7배)
인구(명)	👥 2,630,073
수도	⊛ 빈트후크(Windhoek)
민족구성(인종)	🍰 오밤보(50%), 카방고(9%) 등
언어	🗛 영어, 오시왐보어(49.7%)
종교	✝ 기독교(80~90%)
정치체제	🏛 대통령중심제
독립	⚱ 1990. 03. 21(남아프리카공화국)
외교관계(한국)	🏳 1990. 03. 21
통화	💲 나미비아 달러(Namibian Dollar)
타임존	🕐 UTC+2
운전방향	◈ 왼쪽
국제전화	📞 +264
인터넷	📶 .na
전압	💡 220V, 50Hz
소켓타입	☺ D/M
제1도시	📕 빈트후크(Windhoek)
제2도시	🔖 룬두(Rundu)
대표음식	🍴 브라이(Braai)

나우루

Nauru
Republic of Nauru

파란색 바탕에 노란 수평 띠가 중앙을 가로지르고 있고, 노란 수평 띠 아래에는 흰색 12각 별이 하나 있다. 파란색은 태평양(Pacific Ocean)을, 노란색 띠는 적도(Equator)를, 별은 적도 바로 아래에 있는 나우루의 지리적 위치와 그곳에 사는 12개 부족을 상징한다. 흰색은 나우루섬의 부의 원천이었던 인산염(Phosphate)을 나타낸다(나우루는 한때 세계적인 인광석 수출국이었다). 국가 문장(紋章)에는 직물 문양의 방패에 연금술 기호 '인'(P, 원자번호 15), 군함새, 칼로필럼(Calophyllum) 꽃이 있고, 이를 추장이 주요 의식에서 사용하던 야자나무 잎과 군함새의 깃털로 만든 밧줄로 장식하고 있다. 문장 위에는 '나우루'의 국명과 흰 별이, 아래에는 나우루의 모토인 '신의 뜻이 먼저다'라는 문구가 있다.

FACTS & FIGURES

위치	⊙	오세아니아
		동경 166도 55분, 남위 32분
국토면적(㎢)	🌐	21
인구(명)	👥	11,000
수도	★	야렌(Yaren, 사실상의 수도 역할)
민족구성(인종)	◔	나우루(88.9%)
언어	🗛	나우루어
종교	†	기독교(60.4%), 로마 가톨릭(33%)
정치체제	🏛	의원내각제
독립	⚐	1968. 01. 31(신탁통치-호주 등)
외교관계(한국)	⚑	1979. 08. 20
통화	$	호주 달러(Australian Dollar)
타임존	🕐	UTC+12
운전방향	◇	왼쪽
국제전화	📞	+674
인터넷	📶	.nr
전압	💡	240V, 50Hz
소켓타입	☺	I
제1도시	🔖	메넹(Meneng)
제2도시	🔖	아이워(Aiwo)
대표음식	🍽	코코넛 크러스트 피쉬(Coconut Crusted Fish)

교황청(Vatican), 모나코(Monaco)에 이어 세계에서 세 번째로 작은 국가이다.

나이지리아

Nigeria
Federal Republic of Nigeria

녹색, 흰색, 녹색의 수직 띠로 이루어져 있으며, 녹색은 나이지리아의 숲과 풍부한 자연자원을 나타내고, 흰색은 평화와 단결을 의미한다. 국가 문장(紋章)에는 두 마리 백마가 Y자가 그려진 검은색 방패를 들고 있다. Y자는 나이지리아를 관통하는 두 개의 강인 베누에강(Benue River)과 나이저강(Niger River)이 만나는 것을 의미하며, 검은색 방패는 나이지리아의 비옥한 땅을 상징한다. 백마는 국가의 존엄을, 독수리는 힘을 상징한다. 바닥에는 나이지리아의 국화인 빨간 코스투스(Costus)가 피어 있고, 그 아래 스크롤에는 국가의 모토인 '단결과 신념, 평화와 진보'가 쓰여 있다.

FACTS & FIGURES

위치	📍	서부 아프리카
		동경 8도, 북위 10도
국토면적(㎢)	🌐	923,768(한반도의 4.2배)
인구(명)	👥	214,028,302
수도	🏛	아부자(Abuja)
민족구성(인종)	🥧	하우사(30%), 요루바(15.5%), 이그보(15.2%)
언어	🗛	영어
종교	✝	이슬람교(53.5%), 기독교(35.3%)
정치체제	🏛	대통령중심제
독립	⚘	1960. 10. 01(영국)
외교관계(한국)	🏳	1980. 02. 22
통화	💲	나이라(Naira)
타임존	🕐	UTC+1
운전방향	◈	오른쪽
국제전화	📞	+234
인터넷	📶	.ng
전압	💡	230V, 50Hz
소켓타입	🔌	D/G
제1도시	📑	라고스(Lagos)
제2도시	🔖	카노(Kano)
대표음식	🍴	푸푸(Fufu), 에구시 스프(Egusi Soup)

남수단

South Sudan
Republic of South Sudan

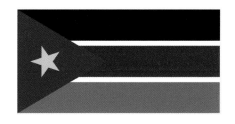

검은색, 빨간색, 녹색의 수평 띠로 이루어져 있으며, 빨간 띠 위아래에는 흰 테두리가 있다. 왼쪽에는 파란색 이등변 삼각형이 있고, 그 안에는 노란 5각 별 하나가 있다. 검은색은 남수단 사람들을, 빨간색은 자유를 위한 투쟁에서 흘린 피를, 녹색은 신록의 국토를, 파란색은 나일강(Nile)의 물을 상징한다. 노란 별은 남수단을 구성하는 지역들의 단합을 의미한다. 케냐(Kenya) 국기와 비슷하며, 남아프리카공화국 국기와 같이 여섯 가지 색으로 구성된 몇 안되는 국기다. 국가 문장(紋章)에는 아프리카 수리(African Fish Eagle, 비전, 힘, 존엄)가 있으며 그 가슴에는 창과 삽(국가수호 의지), 방패가 있다. 흰 스크롤에는 국가의 모토 '정의, 자유, 번영'이, 노란 스크롤에는 '남수단 공화국'이 적혀 있다.

FACTS & FIGURES

위치	◎	중앙 아프리카
		동경 30도, 북위 8도
국토면적(㎢)	◉	644,329(한반도의 3배)
인구(명)	⋔	10,561,244
수도	◉	주바(Juba)
민족구성(인종)	◔	딩카(35.8%), 누에르(15.6%) 등
언어	🅰	영어, 아랍어
종교	†	기독교, 이슬람교
정치체제	🏛	대통령중심제
독립	⚱	2011. 07. 09(수단)
외교관계(한국)	⚑	2011. 07. 09
통화	$	남수단 파운드(South Sudanese Pound)
타임존	◷	UTC+3
운전방향	◈	오른쪽
국제전화	☎	+211
인터넷	📶	.ss
전압	◊	230V, 50Hz
소켓타입	☺	C/D
제1도시	▮	주바(Juba)
제2도시	▯	와우(Wau)
대표음식	🍴	키스라(Kisra)

남아프리카공화국

South Africa
Republic of South Africa

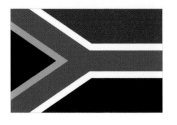

1994년 흑백 차별정책인 아파르트헤이트(Apartheid)가 폐지되면서 새로 제정되었다. 노란색-흰색 테두리가 있는 녹색의 Y자 띠가 가로로 놓여 있고, 그 위아래에 빨간색과 파란색 수평 띠가 있다. 깃대 쪽 Y자 머리에는 검은 삼각형이 있다. Y는 '남아공 사회 내의 다양한 요소들을 융합해 앞으로 나아가는 것'을 의미한다. 검은색, 노란색, 녹색은 '아프리카 민족회의'의 깃발에서, 빨간색, 흰색, 파란색은 각각 네덜란드와 영국 국기에서 차용하였다. 국가 문장(紋章)의 상단에는 태양과 뱀잡이 수리, 국화(國花)인 프로테아(Protea)꽃, 창과 곤봉이 있으며, 아래에는 두 사람의 형상이 있는 방패가 있다. 밀 이삭과 코끼리 엄니가 방패를 둘러싸고 있으며, 녹색 스크롤에는 남아공의 국가 모토 '다양한 사람들의 단결'이 쓰여 있다.

FACTS & FIGURES

위치	📍	남부 아프리카
		동경 24도, 남위 29도
국토면적(㎢)	🌐	1,219,090(한반도의 5.5배)
인구(명)	👫	56,463,617
수도	🏛	프리토리아(Pretoria, 행정),
		케이프타운(Cape Town, 입법), 블룸폰테인(Bloemfontein, 사법)
민족구성(인종)	◗	흑인(80.9%), 유색인(8.8%), 백인(7.8%)
언어	🗚	영어, 줄루어, 코사어, 아프리칸스어 등 11개 공용어
종교	✝	기독교(86%)
정치체제	🏛	대통령중심제
독립	⚱	1910. 05. 31(남아프리카연방)
외교관계(한국)	🏳	1992. 12. 01
통화	💲	남아공 랜드(South African Land)
타임존	🕐	UTC+2
운전방향	◈	왼쪽
국제전화	📞	+27
인터넷	📶	.za
전압	💡	230V, 50Hz
소켓타입	☺	C/M/N
제1도시	📑	요하네스버그(Johannesburg)
제2도시	🔖	케이프타운(Cape Town)
대표음식	🍴	보보티(Bobotie), 부레보르스(Boerewors)

네덜란드

Netherlands
Kingdom of the Netherlands

빨간색, 흰색, 파란색의 수평 띠로 이루어져 있으며, 16세기 후반 스페인에 대항하여 네덜란드의 반란 (Dutch Revolt)을 이끈 오랑주 공국의 윌리엄 I 세(William I, Prince of Orange)의 깃발(오렌지-흰색-파란색)에서 유래하였다. 원래 빨간색 대신 오렌지색이었으나, 시간이 지나면서 빨간색으로 제정되었다. 세계에서 가장 오래된 삼색기(Tricolour)로 프랑스 국기와 러시아 국기에 영향을 주었다. 국가 문장(紋章)에는, 왕관이 올려진 망토 안에 황금색 사자가 7개의 화살을 쥐고 칼을 든 파란 방패가 있고, 이를 다시 두 마리 사자가 잡고 있다. 방패 위에는 왕관이 있고, 방패 아래의 파란 스크롤에는 네덜란드의 국가 모토 '나는 (네덜란드의 독립을) 지킬 것이다'(Je Maintiendrai)가 불어로 쓰여 있다.

FACTS & FIGURES

위치	◎	서유럽 동경 5도 45분, 북위 52도 30분
국토면적(㎢)	🌐	41,543(한반도의 1/5)
인구(명)	👫	17,280,397
수도	◉	암스테르담(Amsterdam)
민족구성(인종)	◕	네덜란드(76.9%), EU(6.4%)
언어	🗛	네덜란드어
종교	✝	로마 가톨릭(23.6%), 기독교(14.9%), 없음(50.7%)
정치체제	🏛	의원내각제
독립	🏆	1648. 01. 30(스페인)
외교관계(한국)	🏳	1961. 04. 04
통화	$	유로(Euro)
타임존	🕐	UTC+1
운전방향	◈	오른쪽
국제전화	📞	+31
인터넷	📶	.nl
전압	💡	230V, 50Hz
소켓타입	☺	C/F
제1도시	▌	암스테르담(Amsterdam)
제2도시	🔖	로테르담(Rotterdam)
대표음식	🍴	스탐폿(Stamppot)

네팔

Nepal

Federal Democratic Republic of Nepal

네팔 국기는 세계에서 유일하게 사각형 모양이 아닌, 삼각기(Pennon) 두 개를 겹쳐 놓은 형태이다. 파란 경계선이 있는 빨간색 삼각형 두 개가 위아래에 겹쳐 있으며, 위에는 초승달이, 아래에는 태양이 빛나고 있다. 이는 태양과 달이 존재하는 한 네팔도 영원하다는 것을 나타낸다. 빨간색은 용맹과 승리, 국화인 로도덴드론(Rhododendron, 철쭉)을 의미한다. 히말라야산맥(Himalayas)을 형상화한 두 삼각형은 힌두교와 불교를 의미하며, 파란 테두리는 평화와 조화를 나타낸다. 국가 문장(紋章)에는 에베레스트산, 녹색 산봉우리, 노란 벌판, 흰색의 네팔 지도, 악수하고 있는 남녀의 손이 있고, 이를 로도덴드론이 둘러싸고 있다. 문장 하단의 스크롤에는 '어머니와 조국은 천국보다 좋다'가 산스크리트어로 쓰여 있다.

FACTS & FIGURES

위치	⊙ 남부 아시아
	동경 84도, 북위 28도
국토면적(㎢)	⊕ 147,181(한반도의 2/3)
인구(명)	⋔ 30,327,877
수도	⊚ 카트만두(Kathmandu)
민족구성(인종)	◖ 체트리(16.6%), 브라만-힐(12.2%) 등
언어	㊐ 네팔어
종교	† 힌두교(81.3%), 불교(9%)
정치체제	🏛 의원내각제
독립	⚐ 1768. 09. 25(네팔왕국 건국)
외교관계(한국)	⚑ 1974. 05. 15
통화	$ 네팔 루피(Nepalese Rupee)
타임존	⊙ UTC+5:45
운전방향	◈ 왼쪽
국제전화	☏ +977
인터넷	⊝ .np
전압	⊗ 230V, 50Hz
소켓타입	⊙ C/D/M
제1도시	▮ 카트만두(Kathmandu)
제2도시	⬚ 포카라(Pokhara)
대표음식	⊮ 달밧(Dal Bhat)

노르웨이

Norway
Kingdom of Norway

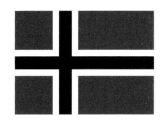

빨간색 바탕에 흰색 십자가 그려져 있으며, 흰색 십자 안에는 다시 파란색 십자가 있다. 덴마크 국기인 단네브로그(Dannebrog)에서 유래하였으며, 빨간색과 흰색은 과거 덴마크와의 정치적 결합을, 파란색은 과거 스웨덴과의 정치적 결합을 의미한다. 직사각형 깃발에 십자가의 중심이 왼쪽으로 이동해 있는 십자가를 '노르딕 십자가'(Nordic Cross)라 하며, 이러한 노르딕 십자가가 적용된 나라는 노르웨이를 포함하여 덴마크, 아이슬란드, 스웨덴, 핀란드가 있다. 십자가는 기독교를 의미한다. 국가 문장(紋章)에는 왕관이 올려진 망토 안에 왕관을 쓴 황금색 사자가 도끼를 들고 서 있는 빨간색 방패가 있고, 이를 성 울라프 훈장(Order of St. Olav)이 감싸고 있다.

FACTS & FIGURES

위치	◎	북유럽
		동경 10도, 북위 62도
국토면적(㎢)	⑤	323,802(한반도의 1.5배)
인구(명)	ⅰⅰⅰ	5,467,439
수도	⊛	오슬로(Oslo)
민족구성(인종)	◖	노르웨이(83.2%)
언어	ⅩA	노르웨이어
종교	†	루터교(70.6%, 국교)
정치체제	🏛	의원내각제
독립	⚱	1905. 06. 07(스웨덴-노르웨이 연방 해체)
외교관계(한국)	⚑	1959. 03. 02
통화	$	노르웨이 크로네(Norwegian Krone)
타임존	◷	UTC+1
운전방향	◈	오른쪽
국제전화	☎	+47
인터넷	🔊	.no
전압	💡	230V, 50Hz
소켓타입	☺	C/F
제1도시	▌	오슬로(Oslo)
제2도시	⚑	베르겐(Bergen)
대표음식	¶	포리콜(Fårikål)

뉴질랜드

New Zealand

짙은 파란색 바탕에 왼쪽 상단에는 영국 국기가 있고, 오른쪽에는 흰 테두리가 있는 빨간색 5각 별 네 개가 배열되어 있다. 영국 국기는 뉴질랜드가 영국 연방국임을 나타낸다. 파란색은 남태평양과 푸른 하늘을, 별은 남반구 뉴질랜드에서 볼 수 있는 남십자성(Southern Cross)과 남태평양에서의 뉴질랜드의 위치를 상징한다. 국가 문장(紋章) 속 방패에는 세 척의 선박, 남십자성, 밀 다발, 금색 양모(Fleece)와 해머가 그려져 있으며, 방패 양옆에는 뉴질랜드 국기를 든 백인 여자와 타이아하(Taiaha, 나무봉)를 든 마오리족 추장이 있다. 방패 위에는 성 에드워드의 왕관(St. Edward's Crown, 영국 왕의 대관식에 사용)이, 방패 아래에는 양치식물(Fern, 토종 식물)이 있으며, 스크롤에는 뉴질랜드 국가명이 적혀 있다.

FACTS & FIGURES

위치	⊙ 오세아니아 동경 174도, 남위 41도
국토면적(㎢)	🌐 268,838(한반도의 1.2배)
인구(명)	👥 4,925,477
수도	◉ 웰링턴(Wellington)
민족구성(인종)	◓ 유럽(64.1%), 마오리(16.5%), 중국(4.9%)
언어	🅰 영어, 마오리어
종교	✝ 기독교(37.3%), 없음(48.6%)
정치체제	🏛 의원내각제
독립	⚱ 1907. 09. 26(영국)
외교관계(한국)	⚐ 1962. 03. 26
통화	💲 뉴질랜드 달러(New Zealand Dollar)
타임존	🕐 UTC+12
운전방향	◈ 왼쪽
국제전화	📞 +64
인터넷	📶 .nz
전압	🔌 230V, 50Hz
소켓타입	☺ I
제1도시	▮ 오클랜드(Auckland)
제2도시	⌻ 크라이스트처치(Christchurch)
대표음식	🍴 베이컨 에그파이(Bacon & Egg Pie), 파블로바(Pavlova)

니제르

Niger
Republic of Niger

오렌지색, 흰색, 녹색으로 이루어진 수평 띠 중앙에 오렌지색 원이 있다. 오렌지색 띠는 북부의 건조한 사하라 사막(Sahara Desert) 지대를 나타내고, 흰색 띠는 순수와 순결함을, 녹색 띠는 비옥한 남서부 지방, 니제르강(Niger River)과 희망을 나타낸다. 오렌지색 원은 태양과 국가의 독립을 상징한다. 국가 문장(紋章) 속 흰 방패에는 빛나는 태양, 제부(Zebu, 뿔이 길고 등에 혹이 있는 소)의 머리, 투아레그족(Tuareg)의 칼과 창, 조(Pearl Millet) 이삭 세 개가 있다. 방패 뒤에는 니제르의 국기가 있으며, 아래 스크롤에는 '니제르 공화국'(République du Niger)이라고 쓰여 있다.

FACTS & FIGURES

위치	⊙ 서부 아프리카 동경 8도, 북위 16도
국토면적(㎢)	⊕ 1,267,000(한반도의 5.8배)
인구(명)	♟ 22,772,361
수도	⊛ 니아메(Niamey)
민족구성(인종)	☕ 하우사(53.1%), 자르마-송가이(21.2%), 투아렉(11%)
언어	文ᴀ 불어
종교	✝ 이슬람교(99.3%)
정치체제	🏛 대통령중심제
독립	♈ 1960. 08. 03(프랑스)
외교관계(한국)	⚑ 1961. 07. 27
통화	$ 세파 프랑(CFA Franc)
타임존	⊙ UTC+1
운전방향	◈ 오른쪽
국제전화	☎ +227
인터넷	📶 .ne
전압	💡 220V, 50Hz
소켓타입	☺ A/B/C/D/E/F
제1도시	📕 니아메(Niamey)
제2도시	🔖 마라디(Maradi)
대표음식	🍴 제르마 스튜(Djerma Stew), 베나친(Benachine)

니카라과

Nicaragua
Republic of Nicaragua

니카라과는 온두라스, 과테말라, 엘살바도르, 코스타리카와 함께 중앙아메리카 연방(United Provinces of Central America, 1823-41)의 일원이었으며, 이 연방 국기에서 유래하였다. 파란색, 흰색, 파란색의 수평 띠로 이루어져 있으며, 국기 중앙에는 국가 문장(紋章)이 있다. 두 개의 파란색 띠는 태평양과 카리브해를 나타내며, 흰 띠는 두 바다 사이에 있는 니카라과를 의미한다. 국가 문장 속의 삼각형(평등) 안에는 5개의 화산(중앙아메리카 연방 5개국의 단결과 우애)과 바다, 무지개(평화), 빨간색 프리기아 모자(자유)가 있다. 문장 위쪽에는 'REPUBLICA DE NICARAGUA'(니카라과 공화국)이, 아래쪽에는 'AMERICA CENTRAL'(중미)가 삼각형을 둘러싸고 있다.

FACTS & FIGURES

위치	◎	중미 서경 85도, 북위 13도
국토면적(㎢)	◍	130,370(한반도의 2/3)
인구(명)	ⅲ	6,203,441
수도	◉	마나과(Managua)
민족구성(인종)	◔	메스티조(69%), 백인(17%)
언어	文A	스페인어
종교	†	로마 가톨릭(50%), 기독교(33.2%)
정치체제	🏛	대통령중심제
독립	♀	1821. 09. 15(스페인)
외교관계(한국)	⚐	1962. 01. 26
통화	$	니카라과 코르도바(Nicaraguan Córdoba)
타임존	◷	UTC-6
운전방향	◈	오른쪽
국제전화	☎	+505
인터넷	🛜	.ni
전압	🔌	120V, 60Hz
소켓타입	☺	A/B
제1도시	▮	마나과(Managua)
제2도시	▯	레온(Léon)
대표음식	🍴	가요핀토(Gallo Pinto)

대한민국

Korea, South
Republic of Korea

흰색 바탕의 중앙에는 태극이라 불리는 빨간색, 파란색으로 이루어진 원이 있고, 각 코너에는 주역에 바탕을 둔 검은색 괘(卦)가 있다. 흰색은 한국의 전통 색이며 평화와 순결을 상징한다. 빨간색은 존귀와 우주의 양(陽)의 힘을, 파란색은 희망과 우주의 음(陰)의 힘을 상징한다. 각 코너를 이루는 4개의 괘는 건곤감리(乾坤坎離)-건(3, 하늘, 봄, 東), 곤(6, 땅, 여름, 西), 감(5, 물, 겨울, 北), 리(4, 불, 가을, 南)-의 4가지 우주 생성 원리를 나타낸다. '태극기'라고 부른다. 국가 문장(紋章)은 태극 문양을 무궁화 꽃잎 5장이 감싸고, '대한민국' 글자가 새겨진 스크롤으로 그 테두리를 둘러싸고 있다.

FACTS & FIGURES

위치	⊙	동북 아시아
		동경 127도 30분, 북위 37도
국토면적(km²)	◉	99,720(한반도의 4/9)
인구(명)	⋔	51,835,110
수도	⊛	서울(Seoul)
민족구성(인종)	☾	한국
언어	文A	한국어
종교	†	기독교(19.7%), 불교(15.5%), 로마 가톨릭(7.9%), 없음(56.9%)
정치체제	🏛	대통령중심제
독립	♔	1945. 08. 15(일본)
외교관계(한국)	⚑	
통화	$	원(Won)
타임존	⊕	UTC+9
운전방향	◈	오른쪽
국제전화	☎	+82
인터넷	🛜	.kr
전압	⚟	220V, 60Hz
소켓타입	☺	C/F
제1도시	▮	서울(Seoul)
제2도시	⬓	부산(Busan)
대표음식	¶	김치(Kimchi), 불고기(Bulgogi), 비빔밥(Bibimbap), 갈비(Galbi)

덴마크

Denmark
Kingdom of Denmark

단네브로그(Dannebrog)라는 별칭을 가지고 있는 덴마크기는 세계에서 가장 오래된 국기 중 하나이다. 13세기 초 전투 중에 하늘에서 깃발이 떨어지자, 덴마크 왕이 이 기를 받아서 승리했다는 전설에서 기원하였다. 십자가 문양은 핀란드, 아이슬란드, 노르웨이 및 스웨덴 등 이웃 북유럽 국가의 국기 디자인에 영향을 주었다. 국가 문장(紋章) 중앙의 방패에는 금색 왕관을 쓴 세 마리 사자와 아홉 개의 빨간 수련 잎 문양(하트 모양, Lily pad), 왕관 없는 두 마리 사자, 세 개의 왕관(스웨덴), 양(페로 제도), 북극곰(그린란드)이 있고, 그 양옆에 와일드 맨(Wild Man)이 곤봉을 들고 있다. 문장 아래에는 단네브로그 훈장과 코끼리 훈장(Order of the Elephants)이 걸려 있고, 위에는 왕관이 있다.

FACTS & FIGURES

위치	📍	북유럽
		동경 10도, 북위 56도
국토면적(㎢)	🌐	43,094(한반도의 1/5)
인구(명)	👫	5,869,410
수도	🏛	코펜하겐(Copenhagen)
민족구성(인종)	🌓	덴마크(86.3%)
언어	🗣	덴마크어
종교	✝	루터교(74.7%), 이슬람교(5.5%)
정치체제	🏛	의원내각제
독립	⚱	1849. 06. 05(입헌군주제 성립)
외교관계(한국)	🏳	1959. 03. 11
통화	💲	덴마크 크로네(Danish Krone)
타임존	🕐	UTC+1
운전방향	◈	오른쪽
국제전화	📞	+45
인터넷	📶	.dk
전압	🔌	230V, 50Hz
소켓타입	☺	C/E/F/K
제1도시	🟥	코펜하겐(Copenhagen)
제2도시	🔖	오르후스(Aarhus)
대표음식	🍴	스태크 플래스크(Stegt Flæsk)
		스뫼레브뢰드(Smørrebrød)

도미니카공화국

Dominican Republic

중앙의 국가 문장(紋章)을 중심으로 상하좌우로 흰색 십자(十字) 띠가 뻗어 있고, 그 주변에는 파란색(2)과 빨간색(2)의 사각형이 있다. 파란색은 자유를, 흰색은 해방을, 빨간색은 독립 영웅들이 흘린 피를 상징한다. 국가 문장(紋章)에는 도미니카의 국기 위에 황금색 십자가와 성경(요한복음 8장 32절, 진리가 너희를 자유롭게 하리라), 여섯 개의 창이 있고, 이를 월계수(왼쪽) 가지와 야자나무(오른쪽) 가지가 둘러싸고 있다. 문장 위쪽에는 도미니카공화국의 모토인 '하느님, 조국, 자유'(Dios, Patria, Libertad)가, 아래쪽에는 국명 'República Dominicana'이 스페인어로 쓰여 있다.

FACTS & FIGURES

위치	⊙ 중미 카리브 서경 70도 40분, 북위 19도
국토면적(㎢)	🜨 48,670(한반도의 2/9)
인구(명)	👫 10,499,707
수도	⊛ 산토도밍고(Santo Domingo)
민족구성(인종)	◖ 혼혈(70.4%), 흑인(15.8%)
언어	🗛 스페인어
종교	† 로마 가톨릭(47.8%), 기독교(21.3%)
정치체제	🏛 대통령중심제
독립	♔ 1844. 02. 27(아이티)
외교관계(한국)	⚑ 1962. 06. 06
통화	＄ 도미니카 페소(Dominican Peso)
타임존	⊙ UTC-4
운전방향	◈ 오른쪽
국제전화	☏ +1-809
인터넷	🛜 .do
전압	🝆 110V, 60Hz
소켓타입	☺ A/B
제1도시	▮ 산토도밍고(Santo Domingo)
제2도시	▢ 산티아고데로스카바예로스(Santiago de los Caballeros)
대표음식	¶ 라반데라(La Bandera), 산꼬초(Sancocho) 쁠라따노 프리토(Platano Frito)

도미니카연방

Dominica
Commonwealth of Dominica

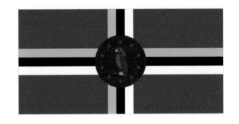

녹색 바탕에 노란-검정-흰색의 삼색 십자(十字) 띠가 중앙에 있고 그 위로 빨간색 원이 있다. 원 안에는 국조(國鳥)인 '황제 아마존 앵무새'(Sisserou Parrot)와 10개의 녹색별(10개의 행정 교구)이 있다. 앵무새는 국가 염원의 달성을, 삼색 십자가는 기독교의 삼위일체를 나타낸다. 녹색은 무성한 식물을, 노란색은 햇빛과 주요 농산물(바나나)을, 검은색은 비옥한 토양과 아프리카의 유산을, 흰색은 강과 순수함을, 빨간색 원은 사회정의를 상징한다. 국가 문장(紋章) 중앙의 방패에는 야자나무, 개구리(Mountain Chicken), 바나나 나무와 항해하는 카누가 있고, 그 양 옆에 앵무새가 있다. 문장 위에는 사자가, 아래의 스크롤에는 국가의 모토인 '하느님 다음으로 대지를 사랑한다'가 불어로 쓰여 있다.

위치	⊙ 중미 카리브 서경 61도 20분, 북위 15도 25분
국토면적(㎢)	⑤ 751(서울시의 1.2배)
인구(명)	ⅲ 74,243
수도	⊛ 로조(Roseau)
민족구성(인종)	◔ 아프리카(86.6%), 혼혈(9.1%)
언어	文A 영어
종교	† 로마 가톨릭(61.4%), 기독교(28.6%)
정치체제	🏛 의원내각제
독립	♗ 1978. 11. 03(영국)
외교관계(한국)	⊩ 1978. 11. 03
통화	＄ 동카리브 달러(East Caribbean Dollar)
타임존	⊙ UTC-4
운전방향	◈ 왼쪽
국제전화	☎ +1-767
인터넷	🛜 .dm
전압	⚡ 230V, 50Hz
소켓타입	⊙ D/G
제1도시	▮ 로조(Roseau)
제2도시	▯ 포츠머스(Portsmouth)
대표음식	⑪ 칼라루(Callaloo), 바칼라이토스(Bacalaitos)

독일

Germany

Federal Republic of Germany

중세의 신성로마제국(Holy Roman Empire, 800/962-1806) 황제의 깃발(금색, 검은색, 독수리)에서 유래하였으며, 검은색, 빨간색, 금색의 삼색 수평 띠로 구성되어 있다. 1919년 바이마르 공화국(Weimar Republic, 1919-33)에서 현재 모습의 국기가 공식적으로 채택되었다. 분데스플라게(Bundesflagge, 연방기)라고도 한다. 국가 문장(紋章)의 노란색 방패에는 빨간색 부리와 발톱을 가진 검은 독수리가 있다. 이를 분데스아들러(Bundesadler, 연방 독수리)라고 하며, 세계에서 가장 오래된 문장 중 하나이다.

FACTS & FIGURES

위치	📍	중부 유럽
		동경 9도, 북위 51도
국토면적(㎢)	🌏	357,022(한반도의 1.6배)
인구(명)	👫	80,159,662
수도	⭐	베를린(Berlin)
민족구성(인종)	⚫	게르만(87.2%)
언어	🗣	독일어
종교	✝	로마 가톨릭(27.7%), 기독교(25.5%), 이슬람교(5.1%)
정치체제	🏛	의원내각제
독립	🏆	1990. 10. 03(독일 통일)
외교관계(한국)	🚩	1955. 12. 01
통화	💲	유로(Euro)
타임존	🕐	UTC+1
운전방향	◇	오른쪽
국제전화	📞	+49
인터넷	📶	.de
전압	💡	230V, 50Hz
소켓타입	🙂	C/F
제1도시	📑	베를린(Berlin)
제2도시	🔖	함부르크(Hamburg)
대표음식	🍴	사우어크라우트(Sauerkraut)
		사우어브라튼(Sauerbraten)

동티모르

Timor-Leste
Democratic Republic of Timor-Leste

빨간색 바탕 왼쪽에는 검은색 이등변 삼각형이 있고, 그 안에는 깃대 상단을 향하고 있는 흰색 5각 별이 중앙에 있다. 삼각형보다 약간 더 큰 노란 화살 머리가 중앙으로 뻗어 있다. 노란색은 과거 식민주의의 희생을 의미하며, 검은색은 극복해야만 하는 반계몽주의를 나타낸다. 빨간색은 민족해방을 위한 투쟁을, 흰 별은 평화와 이에 도달하는 빛을 상징한다. 원으로 된 국가 문장(紋章) 안에는 라멜라우(Ramelau) 산을 형상화한 빨간색 방패가 있으며, 그 안에는 흰 별과 빛줄기, 노란 톱니바퀴, 펼쳐진 책, 옥수수, 벼 이삭, 소총(AK-47), 활과 화살이 있다. 방패 아래의 스크롤에는 동티모르의 모토 '단결, 행동, 진보'가 쓰여 있고, 이를 '동티모르 민주공화국'과 그 약칭 'RDTL'이 동그랗게 감싸고 있다.

FACTS & FIGURES

위치	⊙ 동남 아시아
	동경 125도 55분, 남위 8도 50분
국토면적(㎢)	🌐 14,874(한반도의 1/15)
인구(명)	👫 1,383,723
수도	⊛ 딜리(Dili)
민족구성(인종)	🥧 말레이-폴리네시아, 중국 등
언어	🗛 테툼어, 포르투갈어
종교	✝ 로마 가톨릭(97.6%)
정치체제	🏛 이원집정부제
독립	🏆 2002. 05. 20(인도네시아)
외교관계(한국)	🏳 2002. 05. 20
통화	💲 미국 달러(US Dollar)
타임존	🕐 UTC+9
운전방향	◈ 왼쪽
국제전화	📞 +670
인터넷	📶 .tl
전압	💡 220V, 50Hz
소켓타입	☺ C/E/F/I
제1도시	📕 딜리(Dili)
제2도시	🔖 바우카우(Baucau)
대표음식	🍴 생선 튀김(Fried fish with prawns)

라오스

Laos
Lao People's Democratic Republic

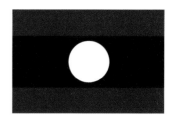

빨간색, 파란색, 빨간색으로 이루어진 수평 띠 중앙에 흰색 원이 있다. 빨간색은 자유를 위해 흘린 피를, 파란색은 메콩강(Mekong River)과 번영을 나타낸다. 흰 원은 메콩강을 배경으로 떠 있는 보름달을 의미하며, 라오인민혁명당(Lao People's Revolutionary Party)의 기치 아래 하나로 단결하여 밝은 미래로 향하는 것을 상징한다. 국가 문장(紋章) 속에는 위대한 불탑이라는 뜻이 있는 '파탓루앙'(Pha That Luang, 부처의 사리탑)이 있으며, 그 앞에 댐(Nam Ngum), 포장된 도로, 정비된 논과 톱니바퀴가 그려져 있고, 이 모두를 벼 이삭이 감싸고 있다. 빨간 스크롤에는 '라오 인민 민주공화국'(중앙), '평화, 독립, 민주주의'(왼쪽), '단결과 번영'(오른쪽)이 라오스어로 각각 쓰여 있다.

FACTS & FIGURES

위치	📍	동남 아시아
		동경 105도, 북위 18도
국토면적(㎢)	🌐	236,800(한반도의 1.1배)
인구(명)	👫	7,447,396
수도	⭐	비엔티안(Vientiane)
민족구성(인종)	🥧	라오스(53.2%), 크무(11%), 몽(9.2%)
언어	🗣	라오스어
종교	✝	불교(64.7%), 없음(31.4%)
정치체제	🏛	공산당 1당 체제
독립	🏆	1949. 07. 19(프랑스)
외교관계(한국)	🚩	1974. 06. 22
통화	💲	킵(Kip)
타임존	🕐	UTC+7
운전방향	◈	오른쪽
국제전화	📞	+856
인터넷	📶	.la
전압	💡	230V, 50Hz
소켓타입	☺	A/B/C/E/F
제1도시	📑	비엔티안(Vientiane)
제2도시	🔖	카이손 폼비한(Kaysone Phomvihane)
대표음식	🍴	탐막홍(Tam Mak Hoong), 솜땀(Som Tam)

라이베리아

Liberia
Republic of Liberia

미국에서 온 노예들이 건국한 나라로, 미국 국기를 기반으로 제정되었다. 빨간색(6개)과 흰색(5개)의 수평 띠로 구성되어 있으며, 왼쪽 상단에는 파란 사각형과 흰색 5각의 별이 있다. 11개의 수평 띠는 독립선언서에 서명했던 11명의 국부를 상징하며, 빨간색은 정도(正道), 용맹, 열정을, 흰색은 순수와 성실을 나타낸다. 파란 사각형은 아프리카 대륙을 의미하며, 흰 별은 이 나라가 아프리카의 첫 독립국임을 상징한다. 국가 문장(紋章) 속에 있는 방패에는 미국의 해방 노예들을 태우고 라이베리아에 도착한 범선이 있다. 바다에서 태양이 떠오르고, 육지에는 야자나무, 쟁기와 삽이 있고, 하늘에는 비둘기가 날고 있다. 방패 위쪽에는 국가의 모토인 '자유에 대한 사랑이 우리를 이곳에 데려다주었다'가 쓰여 있다.

FACTS & FIGURES

위치	서부 아프리카 서경 9도 30분, 북위 6도 30분
국토면적(㎢)	111,369(한반도의 1/2)
인구(명)	5,073,296
수도	몬로비아(Monrovia)
민족구성(인종)	크펠라(20.3%), 바사(13.4%), 그레보(10%)
언어	영어
종교	기독교(85.6%), 이슬람교(12.2%)
정치체제	대통령중심제
독립	1847. 07. 26(건국)
외교관계(한국)	1964. 03. 18
통화	라이베리아 달러(Liberian Dollar)
타임존	UTC+0
운전방향	오른쪽
국제전화	+231
인터넷	.lr
전압	120V/220V, 50Hz/60Hz
소켓타입	A/B/C/E/F
제1도시	몬로비아(Monrovia)
제2도시	바른가(Gbarnga)
대표음식	덤보이(Dumboy)

라트비아

Latvia
Republic of Latvia

적갈색 바탕에 흰색 수평 띠가 중앙을 가로지르고 있는, 세계에서 가장 오래된 국기 중 하나이다. 1280년경 라트비아 부족들이 전쟁터에 들고 다닌 빨간 바탕에 흰색 줄무늬가 있는 깃발에서 유래하였다. 국가 문장(紋章) 속 방패에는 떠오르는 태양과 17개의 햇살, 빨간색 사자와 칼을 든 은색 그리핀(Griffin, 독수리 얼굴과 날개, 사자의 몸을 가진 전설의 동물)이 그려져 있으며, 사자와 그리핀이 양쪽에서 방패를 잡고 있다. 방패 위에는 3개의 금색 별이, 아래쪽에는 녹색 참나무 가지를 묶은 라트비아 국기 모양의 스크롤이 있다. 태양은 주권과 독립을 의미하며, 사자는 쿠를란트(Kurzeme), 젬갈레(Zemgale) 지역을, 그리핀은 비제메(Vidzeme), 라트갈레(Latgale) 지역을 나타낸다.

FACTS & FIGURES

위치	📍	동부 유럽 동경 25도, 북위 57도
국토면적(㎢)	🌐	64,589(한반도의 1/3)
인구(명)	👥	1,881,232
수도	🛡	리가(Riga)
민족구성(인종)	🥧	라트비아(62.2%), 러시아(25.2%)
언어	🗛	라트비아어, 러시아어
종교	✝	루터교(36.2%), 로마 가톨릭(19.5%), 러시아 정교(19.1%)
정치체제	🏛	의원내각제
독립	⚘	1918. 11. 18(구 러시아)
외교관계(한국)	🏳	1991. 10. 22
통화	💲	유로(Euro)
타임존	🕐	UTC+2
운전방향	◈	오른쪽
국제전화	📞	+371
인터넷	📶	.lv
전압	💡	230V, 50Hz
소켓타입	☺	C/F
제1도시	📕	리가(Riga)
제2도시	🔖	다우가프필스(Daugavpils)
대표음식	🍴	포테이토 팬케이크(Potato Pancake), 라솔(Rasol)

러시아

Russia
Russian Federation

흰색, 파란색, 빨간색의 수평 띠로 이루어진 범(汎)슬라브(Pan-Slavism) 국기로, 주변 슬라브 민족 국가에 영향을 주었다. 흰색은 고귀함과 솔직함을 나타내고, 파란색은 충직과 정직, 완벽과 순결을, 빨간색은 용기, 관대, 사랑을 상징한다. 국가 문장(紋章)의 빨간색 방패에는 세 개의 왕관을 쓴 금색 쌍두 독수리가 오른쪽 발톱으로는 왕홀(王笏)을, 왼쪽 발톱으로는 보주(寶珠, 왕권의 상징으로 위에 십자가가 있다)를 잡고 있다. 독수리 가슴에 있는 빨간 작은 방패 안에는, 파란 망토를 휘날리며 말을 탄 성 게오르기우스(St. George)가 창으로 용을 찔러 죽이는 모습이 있다.

FACTS & FIGURES

위치	유럽, 아시아 동경 100도, 북위 60도
국토면적(㎢)	17,098,242(한반도의 78배)
인구(명)	141,722,205
수도	모스크바(Moscow)
민족구성(인종)	러시아(77.7%), 타타르(3.7%) 등
언어	러시아어
종교	러시아 정교(15~20%), 이슬람교(10~15%)
정치체제	대통령중심제
독립	1991. 12. 25(구 소련 해체)
외교관계(한국)	1990. 09. 30
통화	러시아 루블(Ruble)
타임존	UTC+2 ~ +12
운전방향	오른쪽
국제전화	+7
인터넷	.ru
전압	220V, 50Hz
소켓타입	C/F
제1도시	모스크바(Moscow)
제2도시	상트페테르부르크(Saint Petersburg)
대표음식	펠메니(Pelmeni), 하차푸리(Khachapuri), 샤슬릭(Shashlik) 블리니(Blini)

레바논

Lebanon
Lebanese Republic

빨간색, 흰색, 빨간색의 수평 띠로 이루어져 있으며, 중앙에는 녹색 삼나무가 있다. 빨간색은 독립을 위해 흘린 피를 의미하고, 흰색은 평화와 순수, 레바논의 산을 덮고 있는 눈을 나타낸다. 레바논을 상징하는 녹색 삼나무(Cedar Tree)는 신성함, 불멸, 끈기, 행복과 번영을 상징한다.

FACTS & FIGURES

위치	◉	중동
		동경 35도 50분, 북위 33도 50분
국토면적(㎢)	⊕	10,400(한반도의 1/20)
인구(명)	♐	5,469,612
수도	⊛	베이루트(Beirut)
민족구성(인종)	◖	아랍(95%), 아르메니아(4%)
언어	㋰	아랍어
종교	†	이슬람교(61.1%), 기독교(33.7%)
정치체제	⏛	의원내각제
독립	⚑	1943. 11. 22(프랑스)
외교관계(한국)	⚑	1981. 02. 12
통화	⑆	레바논 파운드(Lebanese Pound)
타임존	◷	UTC+2
운전방향	◈	오른쪽
국제전화	☎	+961
인터넷	⌂	.lb
전압	⍝	220V, 50Hz
소켓타입	☺	A/B/C/D/G
제1도시	▌	베이루트(Beirut)
제2도시	☐	트리폴리(Tripoli)
대표음식	⑂	키베(Kibbeh), 타불레(Tabbouleh)

레소토

Lesotho
Kingdom of Lesotho

레소토 독립 40주년(2006년)에 맞춰 제정된 국기이다. 짙은 파란색, 흰색, 녹색의 수평 띠로 이루어져 있으며 중앙에는 레소토 국민을 상징하는 전통모자 모코로틀로(Mokorotlo)가 있다. 파란색은 비, 흰색은 평화, 녹색은 번영을 상징하며, 색깔의 면적 비율은 3:4:3이다. 국가 문장(紋章)에는 악어가 그려진 소토족(Sotho)의 전통 방패가 있고, 그 뒤에 아세가이(Assegai)라고 부르는 창과 크노브키리(Knobkierie)라고 부르는 곤봉이 있으며, 방패 양쪽에는 두 마리의 말이 있다. 문장 아래의 스크롤에는 레소토의 모토인 '평화, 비, 번영'(Khotso, Pula, Nala)이 세소토어로 쓰여 있다.

FACTS & FIGURES

위치	◎	남부 아프리카
		동경 28도 30분, 남위 29도 30분
국토면적(㎢)	🌐	30,355(한반도의 1/7)
인구(명)	👥	1,969,334
수도	◉	마세루(Maseru)
민족구성(인종)	◔	소토(99.7%)
언어	🗚	세소토어, 영어
종교	†	기독교(56.9%), 로마 가톨릭(39.3%)
정치체제	🏛	의원내각제
독립	♀	1966. 10. 04(영국)
외교관계(한국)	🏳	1966. 12. 07
통화	$	로티(Loti), 남아공 랜드(South African Land)
타임존	◷	UTC+2
운전방향	◈	왼쪽
국제전화	📞	+266
인터넷	📶	.ls
전압	💡	220V, 50Hz
소켓타입	☺	M
제1도시	📑	마세루(Maseru)
제2도시	🔖	마푸체(Maputsoe)
대표음식	🍴	차카라카(Chakalaka)

루마니아

Romania

파란색, 노란색, 빨간색의 수직 띠로 이루어져 있으며 프랑스 국기를 모델로 하여, 1862년 왈라키아-몰다비아 연합 공국(United Principalities of Moldavia and Wallachia)이 사용했던 국기에서 유래하였다. 차드, 안도라, 몰도바 국기와 비슷하다. 국가 문장(紋章)에는 하늘을 상징하는 파란색 방패 안에 빨간 발톱과 부리를 가진 노란 독수리가, 은색 왕관을 쓰고 십자가를 문 채로, 발톱으로 칼과 권위를 상징하는 왕홀(王笏)을 잡고 있다. 독수리 가슴에 있는 방패에는 루마니아를 구성하는 다섯 지역을 나타내는 문양이 있다. 왼쪽 상단부터 시계방향으로, 왈라키아(금색 독수리), 몰다비아(오록스 소), 트란실바니아(검은 독수리와 일곱 개의 성), 도브루자(두 마리 돌고래), 올테니아와 바나트(사자와 다리)이다.

FACTS & FIGURES

위치	◎	동남 유럽
		동경 25도, 북위 46도
국토면적(㎢)	◉	238,391(한반도의 1.1배)
인구(명)	ⅲ	21,302,893
수도	◉	부쿠레슈티(Bucharest)
민족구성(인종)	◖	루마니아(83.4%), 헝가리(6.1%)
언어	㋨	루마니아어
종교	†	동방정교(81.9%)
정치체제	⛪	이원집정부제
독립	⚑	1877. 05. 09(오스만 제국)
외교관계(한국)	⚑	1990. 03. 30
통화	⑤	루마니아 레우(Romanian Leu)
타임존	⊕	UTC+2
운전방향	◈	오른쪽
국제전화	☎	+40
인터넷	⌂	.ro
전압	�ⓥ	230V, 50Hz
소켓타입	☺	C/F
제1도시	▮	부쿠레슈티(Bucharest)
제2도시	⬚	클루지나포카(Cluj-Napoca)
대표음식	ⅱ	머멀리거(Mamaliga), 사르말레(Sarmale), 미티테이(Mititei)

룩셈부르크

Luxembourg
Grand Duchy of Luxembourg

빨간색, 흰색, 하늘색의 수평 띠로 이루어져 있으며, 룩셈부르크 가(House of Luxembourg)의 문장(紋章)에서 유래하였다. 룩셈부르크 가의 문장은 흰색(5개)과 하늘색(5개)의 수평 띠 중앙에 금색 왕관을 쓴 빨간 사자가 있다. 네덜란드 국기와의 혼선을 피하고자 배나 항공기에 게양할 때는 룩셈부르크 가의 문장을 사용하고 있다. 국가 문장(紋章)은 중세 림브르크 공국(Dukes of Limburg)의 '왕관을 쓴 빨간 사자' 문장에서 기원했다. 왕관이 올려진 망토 안에, 룩셈부르크 가의 문장이 그려진 방패를 두 마리 사자가 들고 있고, 방패 아래에는 훈장(Order of the Oak Crown)이 있다.

FACTS & FIGURES

위치	⊙ 서유럽 동경 6도 10분, 북위 49도 45분
국토면적(㎢)	🌐 2,586(서울시의 4.3배)
인구(명)	🏃 628,381
수도	⭐ 룩셈부르크(Luxembourg)
민족구성(인종)	🥧 룩셈부르크(51.1%), 포르투갈(15.7%), 프랑스(7.5%)
언어	🔤 룩셈부르크어(55.8%), 불어, 독일어
종교	✝ 로마 가톨릭(70.4%)
정치체제	🏛 의원내각제
독립	🏆 1839. 04. 19(네덜란드)
외교관계(한국)	🏳 1962. 03. 16
통화	💲 유로(Euro)
타임존	🕐 UTC+1
운전방향	◈ 오른쪽
국제전화	📞 +352
인터넷	📶 .lu
전압	💡 230V, 50Hz
소켓타입	☺ C/F
제1도시	🔖 룩셈부르크(Luxembourg)
제2도시	🔖 에슈쉬르알제트(Esch-sur-Alzette)
대표음식	🍴 저드 매트 가르드보우넨(Judd mat gaardebounen)

르완다

Rwanda
Republic of Rwanda

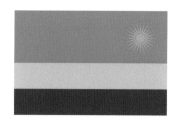

1994년 집단학살에 대한 국제적인 비난과 악명을 떨쳐버리고자, 2001년에 새로 제정되었으며, 민족 간의 단합과 노동에 대한 존중 및 미래에 대한 긍정적인 확신을 상징한다. 하늘색, 노란색, 녹색의 수평 띠로 이루어져 있으며, 오른쪽 상단에는 24개의 광선이 빛나는 태양이 있다. 하늘색은 행복과 평화를, 노란색은 경제발전과 풍부한 광물자원을, 녹색은 번영과 천연자원을 상징한다. 태양은 단결과 무지로부터의 계몽을 의미한다. 국가 문장(紋章)에 있는 녹색의 둥근 매듭 안에는 르완다의 전통 바구니를 중심으로 빛나는 태양, 수수(왼쪽), 커피(오른쪽), 톱니바퀴와 두 개의 방패가 있다. 상단에는 '르완다 공화국'(Repubulika y'u Rwanda)이, 하단에는 르완다의 모토 '단결, 노동, 애국심'이 적혀 있다.

FACTS & FIGURES

위치	📍	중앙 아프리카 동경 30도, 남위 2도
국토면적(㎢)	🌐	26,338(한반도의 1/4)
인구(명)	👫	12,712,431
수도	⭐	키갈리(Kigali)
민족구성(인종)	🌓	후투(85%), 투치(14%), 트와(피그미)
언어	🗣	키냐르완다, 불어, 영어
종교	✝	기독교(49.5%), 로마 가톨릭(43.7%)
정치체제	🏛	대통령중심제
독립	🏆	1962. 07. 01(벨기에)
외교관계(한국)	🚩	1963. 03
통화	💲	르완다 프랑(Rwandan Franc)
타임존	🕐	UTC+2
운전방향	◇	오른쪽
국제전화	📞	+250
인터넷	📶	.rw
전압	💡	230V, 50Hz
소켓타입	🙂	C/J
제1도시	📗	키갈리(Kigali)
제2도시	🔖	기세니(Gisenyi)
대표음식	🍴	우갈리(Ugali)

리비아

Libya
State of Libya

빨간색, 검은색, 녹색의 수평 띠로 이루어져 있으며, 중앙에는 흰 초승달과 5각 별이 있다. 빨간색은 리비아의 페잔(Fezzan) 지방을, 검은색은 키레나이카(Cyrenaica) 지방을, 녹색은 트리폴리타니아(Tripolitania) 지방을 의미한다. 초승달과 별은 이슬람을 상징하며, 공식적으로 정해진 국가 문장(紋章)은 없지만, 실질적으로 노란 초승달과 별(Star and Crescent)을 사용하고 있다.

FACTS & FIGURES

위치	◎	북부 아프리카
		동경 17도, 북위 25도
국토면적(㎢)	◍	1,759,540(한반도의 8배)
인구(명)	⫙	6,890,535
수도	⊛	트리폴리(Tripoli)
민족구성(인종)	◔	베르베르-아랍(97%)
언어	㊈	아랍어
종교	†	이슬람교(96.6%)
정치체제	🏛	임시정부
독립	♀	1951. 12. 24(신탁통치-영국, 프랑스)
외교관계(한국)	⚑	1980. 12. 29
통화	＄	리비아 디나르(Libyan Dinar)
타임존	◔	UTC+2
운전방향	◈	오른쪽
국제전화	☎	+218
인터넷	⧉	.ly
전압	⚡	127V/230V, 50Hz
소켓타입	☺	C/D/F/L
제1도시	▮	트리폴리(Tripoli)
제2도시	▯	벵가지(Benghazi)
대표음식	⋕⋕	아시다(Asida), 쿠스쿠스(Couscous)

리투아니아

Lithuania
Republic of Lithuania

노란색, 녹색, 빨간색의 수평 띠로 이루어져 있으며, 노란색은 태양과 번영, 황금빛 들판을 상징한다. 녹색은 자유와 희망, 리투아니아의 자연과 숲을, 빨간색은 조국 수호를 위해 흘린 피와 용기를 의미한다. 13세기부터 사용되어온 리투아니아 국가 문장(紋章) 속의 기사는 '추격자'라는 뜻을 지닌 비티스(Vytis)이다. 비티스는 삶과 용기와 피를 상징하는 빨간 방패를 배경으로, 백마를 타고 십자(Double Cross)가 그려진 방패를 들고 칼을 휘두르며 사랑하는 조국을 지키기 위해 적을 쫓고 있는 모습이다.

FACTS & FIGURES

위치	📍	동부 유럽
		동경 24도, 북위 56도
국토면적(㎢)	🌐	65,300(한반도의 2/7)
인구(명)	👫	2,731,464
수도	⭐	빌니우스(Vilnius)
민족구성(인종)	🌙	리투아니아(84.1%), 폴란드(6.6%)
언어	🗛	리투아니아어
종교	✝	로마 가톨릭(77.2%)
정치체제	🏛	이원집정부제
독립	⚱	1918. 02. 16(구 러시아, 독일)
외교관계(한국)	🏳	1991. 10. 14
통화	💲	유로(Euro)
타임존	🕐	UTC+2
운전방향	◈	오른쪽
국제전화	📞	+370
인터넷	📶	.lt
전압	💡	220V, 50Hz
소켓타입	☺	C/F
제1도시	📗	빌니우스(Vilnius)
제2도시	🔖	카우나스(Kaunas)
대표음식	🍴	체펠리나이(Cepelinai)

리히텐슈타인공국

Liechtenstein
Principality of Liechtenstein

파란색과 빨간색의 수평 띠로 구성되어 있으며, 왼쪽 상단에는 공국(Principality)의 왕관이 있다. 빨간색과 파란색은 18세기 공국에서 사용되던 문장(紋章)에서 유래하였고, 왕관은 1937년에 아이티(Haiti) 국기와 구분하기 위해 도입하였다. 국가 문장(紋章)에는, 왕관이 올려진 망토 안에 리히텐슈타인을 구성하는 여러 가문의 문장이 그려진 방패가 있다. 왼쪽 위부터 시계방향으로 실레지아(Silesia), 쿠엔링거(Kuenringer), 리트베르크(Rietberg), 예겐도르프(Jägerndorf), 트로파우(Troppau) 가문을 나타내는 문양이 있다. 그리고 방패 중앙에는 리히텐슈타인 가문을 상징하는 노란색과 빨간색의 작은 방패가 있다.

FACTS & FIGURES

위치	⊙ 중부 유럽
	동경 9도 32분, 북위 47도 16분
국토면적(㎢)	🌐 160(서울시의 1/4)
인구(명)	👫 39,137
수도	⊛ 바두츠(Vaduz)
민족구성(인종)	🥧 리히텐슈타인(66%), 스위스(9.6%), 오스트리아(5.8%)
언어	🅰 독일어
종교	✝ 로마 가톨릭(73.4%)
정치체제	🏛 입헌군주제
독립	⚱ 1719. 01. 23(건국)
외교관계(한국)	⚑ 1993. 03. 01
통화	$ 스위스 프랑(Swiss Franc)
타임존	🕐 UTC+1
운전방향	◈ 오른쪽
국제전화	📞 +423
인터넷	📶 .li
전압	💡 230V, 50Hz
소켓타입	⊙ C/J
제1도시	🚩 샨(Schaan)
제2도시	🔖 바두츠(Vaduz)
대표음식	🍴 케제슈페츨레(Käsespätzle)

마다가스카르

Madagascar
Republic of Madagascar

빨간색과 녹색의 수평 띠와 흰색의 수직 띠로 구성되어 있다. 19세기에 마다가스카르를 지배한 메리나 왕국(Merina Kingdom)이 사용했던 깃발(흰색과 빨간색)에서 유래하였다. 빨간색은 주권을, 녹색은 희망을, 흰색은 순수함을 상징한다. 노란 원으로 된 국가 문장(紋章)에는 빨간 마다가스카르 지도가 있는 흰 원이 있고, 그 위로 마치 태양광선처럼 녹색과 빨간색 빛이 발산하고 있다. 흰 원 아래에는 논과 제부(Zebu, 뿔이 길고 등에 혹이 있는 소)의 머리가 그려져 있다. 원의 상단에는 '마다가스카르 공화국'(Repoblikan'i Madagasikara)이, 아래에는 국가의 모토인 '조국, 자유, 발전'(Tanindrazana, Fahafahana, Fandrosoana)이 쓰여 있으며, 그 주위로 벼 이삭이 장식되어 있다.

FACTS & FIGURES

위치	⊙ 동부 아프리카
	동경 47도, 남위 20도
국토면적(㎢)	⊙ 587,041(한반도의 2.7배)
인구(명)	👫 26,955,737
수도	⊛ 안타나나리보(Antananarivo)
민족구성(인종)	⬤ 말레이-인도네시아, 베치미사라카 등
언어	ⓧ 말라가시어, 불어
종교	✝ 기독교(55%), 로마 가톨릭(28%)
정치체제	🏛 이원집정부제
독립	⚱ 1960. 06. 26(프랑스)
외교관계(한국)	⚑ 1962. 06. 25
통화	💲 아리아리(Ariary)
타임존	🕐 UTC+3
운전방향	◈ 오른쪽
국제전화	📞 +261
인터넷	📶 .mg
전압	💡 127V/220V, 50Hz
소켓타입	☺ C/D/E/J/K
제1도시	▮ 안타나나리보(Antananarivo)
제2도시	🔖 토아마시나(Toamasina)
대표음식	🍴 로마자바(Romazava)

마셜제도

Marshall Islands
Republic of the Marshall Islands

파란색 바탕에 왼쪽 아래에서부터 오렌지색, 흰색의 두 사선이 우측 상단으로 뻗어 있고, 왼쪽 상단에는 4개의 큰 광선(주요 섬)과 20개의 작은 광선으로 빛나는 별이 있다. 파란색은 태평양을 나타내고, 오렌지색 띠는 마셜제도의 '랄리크 열도'(Ralik Chain, 일몰의 뜻)와 용기를 상징하고, 흰 띠는 '라타크 열도'(Ratak Chain, 일출의 뜻)와 평화를 상징한다. 사선은 적도를 의미하며, 별은 적도 바로 위에 있는 마셜제도의 지리적 위치를 나타낸다. 파란색 체인으로 이루어진 국가 문장(紋章)에는 별, 날개를 펼친 천사, 야자나무, 그물, 카누, 해도(Nautical Chart, 항해용 안내지도)가 있고 상단에는 '마셜 제도 공화국'이, 하단에는 국가의 모토인 '함께 노력하여 성취한다'(Jepilpilin ke Ejukaan)가 쓰여 있다.

FACTS & FIGURES

위치	⊙ 오세아니아
	동경 168도, 북위 9도
국토면적(㎢)	⑤ 181(서울시의 2/7)
인구(명)	👫 77,917
수도	⊚ 마주로(Majuro)
민족구성(인종)	◔ 마셜(92.1%)
언어	㊐ 마셜어, 영어
종교	† 기독교(82.2%), 로마 가톨릭(8.5%)
정치체제	🏛 의원내각제
독립	⚱ 1986. 10. 21(신탁통치-미국)
외교관계(한국)	⚑ 1991. 04. 05
통화	$ 미국 달러(US Dollar)
타임존	⊙ UTC+12
운전방향	◈ 오른쪽
국제전화	☎ +692
인터넷	📶 .mh
전압	⚡ 120V, 60Hz
소켓타입	⊙ A/B
제1도시	▮ 마주로(Majuro)
제2도시	▯ 콰잘레인(Kwajalein)
대표음식	🍴 마카다미아 넛 파이(Macadamia Nut Pie)

말라위

Malawi
Republic of Malawi

검은색, 빨간색, 녹색의 수평 띠로 이루어져 있으며, 검은색 띠 중앙에는 빛을 발하며 떠오르는 붉은 태양이 있다. 검은색은 아프리카 민족을 나타내고, 빨간색은 자유를 얻기 위한 투쟁에서 흘린 피를, 녹색은 자연을 의미한다. 떠오르는 태양은 아프리카 대륙의 자유와 희망을 상징한다. 물란예(Mulanje Massif) 산 위에 있는 국가 문장(紋章) 속 방패에는 흰색과 하늘색 물결, 금빛 사자, 떠오르는 태양이 그려져 있고, 이를 사자와 표범이 잡고 있다. 방패 위에는 헬멧, 빛나는 태양과 물수리(Fish Eagle)가 있으며, 방패 아래에는 말라위의 모토인 '단결과 자유'가 적힌 스크롤이 있다.

FACTS & FIGURES

위치	◎	남부 아프리카
		동경 34도, 남위 13도 30분
국토면적(㎢)	◉	118,484(한반도의 1/2)
인구(명)	♙	21,196,629
수도	◉	릴롱궤(Lilongwe)
민족구성(인종)	◕	체와(34.3%), 롬웨(18.8%), 야오(13.2%) 등
언어	㊐	영어, 치체와어
종교	†	기독교(60.1%), 로마 가톨릭(17.2%), 이슬람교(13.8%)
정치체제	▥	대통령중심제
독립	♀	1964. 07. 06(영국)
외교관계(한국)	⚑	1965. 03. 09
통화	$	말라위 콰차(Malawian Kwacha)
타임존	◷	UTC+2
운전방향	◈	왼쪽
국제전화	☎	+265
인터넷	⌒	.mw
전압	◔	230V, 50Hz
소켓타입	☺	G
제1도시	▮	릴롱궤(Lilongwe)
제2도시	▯	블랜타이어(Blantyre)
대표음식	♜	쉬마(Nshima)

말레이시아

Malaysia

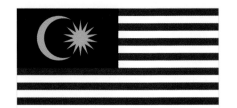

빨간색(7개)과 흰색(7개)의 수평 띠로 이루어진 말레이시아 국기는 '잘루르 제밀랑'(Jalur Gemilang, 영광의 줄)으로 불리기도 한다. 왼쪽 상단의 짙은 파란 사각형에는 노란 초승달과 14각 별이 있다. 14개의 수평 띠는 13개 주와 연방 정부를, 별은 연방정부와 각 주의 단합을 상징한다. 초승달은 이슬람을, 파란색은 단결을 나타내며, 노란색은 말레이 왕실의 색이다. 국가 문장(紋章) 속 방패에는 5개의 크리스(Kris, 작은 칼)가 있고, 왼쪽에는 야자나무와 페낭 대교가, 오른쪽에는 암라나무가 있다. 그 아래에는 왼쪽부터 사바주의 문장, 국화(Hibiscus rosa sinensis), 사라왁주의 문장이 있다. 호랑이 두 마리가 방패를 잡고 있으며, 그 위에는 초승달과 연방 별이, 아래에는 국가의 모토인 '단결은 힘'이 쓰여 있다.

FACTS & FIGURES

위치	⦿ 동남 아시아
	동경 112도 30분, 북위 2도 30분
국토면적(㎢)	🌐 329,847(한반도의 1.5배)
인구(명)	👫 32,652,083
수도	⊛ 쿠알라룸푸르(Kuala Lumpur)
민족구성(인종)	◕ 부미푸트라(62%), 중국(20.6%), 인도(6.2%)
언어	🗛 말레이어
종교	† 이슬람교(61.3%), 불교(19.8%)
정치체제	🏛 의원내각제
독립	⚲ 1957. 08. 31(영국)
외교관계(한국)	🏳 1960. 02. 23
통화	$ 링깃(Ringgit)
타임존	🕗 UTC+8
운전방향	◈ 왼쪽
국제전화	☎ +60
인터넷	🛜 .my
전압	💡 240V, 50Hz
소켓타입	☺ A/C/G/M
제1도시	🔖 쿠알라룸푸르(Kuala Lumpur)
제2도시	🔖 세베랑페라이(Seberang Perai)
대표음식	🍽 나시르막(Nasi Lemak), 락사(Laksa)

말리

Mali
Republic of Mali

녹색, 노란색, 빨간색의 수직 띠로 구성되어 있다. 아프리카에서 가장 오래된 독립국인 에티오피아 (Ethiopia) 국기의 범(汎)아프리카 색을 사용하였다. 녹색은 비옥한 땅을, 노란색은 풍부한 광물 자원을, 빨간색은 독립을 위해 싸운 영웅들의 피를 상징한다. 하늘색의 둥그런 국가 문장(紋章)에는 '젠네 모스크'(The Great Mosque of Djenné, 세계에서 가장 큰 진흙 벽돌 건축물)와 그 위를 나는 독수리, 떠오르는 태양과 두 개의 활과 화살이 각각 있다. 원 위에는 '말리 공화국'이, 아래에는 말리의 모토 '하나의 국민, 하나의 목표, 하나의 신념'(Un Peuple, Un But, Une Foi)이 불어로 쓰여 있다.

FACTS & FIGURES

위치	◎	서부 아프리카
		서경 4도, 북위 17도
국토면적(㎢)	🌐	1,240,192(한반도의 5.6배)
인구(명)	👫	19,553,397
수도	⬡	바마코(Bamako)
민족구성(인종)	◕	밤바라(33.3%), 풀라니(13.3%) 등
언어	🗛	불어, 밤바라어
종교	†	이슬람교(93.9%)
정치체제	🏛	대통령중심제
독립	⚑	1960. 09. 22(프랑스)
외교관계(한국)	⚐	1990. 09. 27
통화	$	세파 프랑(CFA Franc)
타임존	◷	UTC+0
운전방향	◈	오른쪽
국제전화	☎	+223
인터넷	📶	.ml
전압	💡	220V, 50Hz
소켓타입	☺	C/E
제1도시	🔖	바마코(Bamako)
제2도시	🔖	시카소(Sikasso)
대표음식	🍴	마아페(Maafe)

멕시코

Mexico
United Mexican States

1810년 스페인과의 독립 전쟁 때 처음 사용된 멕시코 국기는 녹색, 흰색, 빨간색의 수직 띠로 구성되어 있으며, 흰색 중앙에는 멕시코의 국가 문장(紋章)이 들어 있다. 녹색은 희망, 기쁨, 사랑을 상징하고, 흰색은 평화와 정직을, 빨간색은 단호함, 용기, 힘, 용맹을 나타낸다. 문장은 '독수리가 선인장 위에 앉아 뱀을 먹고 있는 곳에 도시를 세우라'는 신의 계시에 따라 세워진 아스테카(Aztecs) 제국의 수도 '테노치티틀란'(Tenochtitlan, 오늘날의 수도 멕시코 시티)의 전설을 상징한다. 문장에는 독수리가 방울뱀(Rattlesnake)을 물고, 호숫가의 선인장(Nopal) 위에 앉아 있다. 하단에는 멕시코 국기색 리본으로 묶인 참나무 가지(왼쪽)와 월계수 가지(오른쪽)가 있다.

FACTS & FIGURES

위치	📍	북아메리카
		서경 102도, 북위 23도
국토면적(㎢)	🌐	1,964,375(한반도의 9배)
인구(명)	👫	128,649,565
수도	🛡	멕시코 시티(Mexico City)
민족구성(인종)	🥧	메스티조(62%), 아메린디언(30%, Amerindian)
언어	🗛	스페인어
종교	✝	로마 가톨릭(82.7%)
정치체제	🏛	대통령중심제
독립	⚱	1810. 09. 16(스페인)
외교관계(한국)	🏳	1962. 01. 26
통화	💲	멕시코 페소(Mexican Peso)
타임존	🕐	UTC-5 ~ -8
운전방향	◈	오른쪽
국제전화	📞	+52
인터넷	📶	.mx
전압	💡	127V, 60Hz
소켓타입	🙂	A/B
제1도시	📑	멕시코 시티(Mexico City)
제2도시	🔖	에카테펙(Ecatepec)
대표음식	🍴	타코(Taco), 몰레 포블라노(Mole Poblano)
		칠레스 엔 노가다(Chiles en Nogada)

모나코

Monaco
Principality of Monaco

동일한 크기의 빨간색과 흰색의 수평 띠로 이루어져 있으며, 그리말디(Grimaldi) 가문의 문장(紋章)에서 유래하였다. 이탈리아 제노바(Genoa)에 있던 그리말디 가문은 1297년 모나코를 점령한 이후 현재에 이르고 있다. 국가 문장(紋章)에는 왕관이 올려진 망토 안에 빨간 다이아몬드 문양이 그려진 흰 방패를 잡고 칼을 든 두 프란체스코회 수도사가 있다. 그 아래에는 성 찰스 훈장(Order of Saint-Charles)과 국가의 모토 '하느님의 도움으로'(Deo Juvante)가 적힌 스크롤이 있다. 1297년 프랑수아 그리말디(François Grimaldi)가 병사들에게 프란체스코회 수도사 차림을 하게 한 후, 옷 안에 칼을 숨기고 모나코를 점령한 일화에서 유래하였다. 모나코 국기는 인도네시아와 폴란드 국기와 유사하다.

FACTS & FIGURES

위치	◎	서유럽
		동경 7도 24분, 북위 43도 44분
국토면적(㎢)	🌐	2
인구(명)	👫	39,000
수도	🛡	모나코(Monaco)
민족구성(인종)	◕	모나코(32.1%), 프랑스(19.9%), 이탈리아(15.3%)
언어	文A	불어
종교	†	로마 가톨릭(90%, 국교)
정치체제	🏛	입헌군주제
독립	♛	1861. 01. 01(프랑스)
외교관계(한국)	🏳	2007. 03. 20
통화	$	유로(Euro)
타임존	🕐	UTC+1
운전방향	◈	오른쪽
국제전화	📞	+377
인터넷	📶	.mc
전압	🔌	230V, 50Hz
소켓타입	☺	C/D/E/F
제1도시	🔖	몬테카를로(Monte-Carlo)
제2도시	🏷	라콩다민(La Condamine)
대표음식	🍴	바바주앙(Barbajuan)

교황청에 이어 세계에서 두 번째로 작은 국가

모로코

Morocco

Kingdom of Morocco

빨간색 바탕 중앙에는 '술레이만(Sulayman)의 별' 또는 '솔로몬의 별'로 알려진 펜타그램(Pentagram)이 있다. 솔로몬 왕의 반지에 새겨진 것으로 악귀를 물리치거나, 동물과 대화할 수 있는 능력을 준다는 이슬람과 유대 전설에서 유래하였다. 빨간색은 용기와 힘을 상징하고, 녹색은 이슬람, 사랑, 지혜, 평화, 희망을 나타낸다. 오각 별은 이슬람교도가 반드시 지켜야 할 다섯 가지의 의무와 실천 의례-신앙고백(샤하다), 기도(살라트), 자선(자카트), 금식(사움), 메카 순례(핫즈)-를 의미한다. 문장(紋章) 속 방패에는 아틀라스 산맥 위로 떠오르는 태양과 오각 별이 있다. 방패 위에는 왕관이, 좌우에는 사자가 있고, 하단의 스크롤에는 '코란'의 구절 '신을 영광스럽게 하면, 신은 너를 영광스럽게 할 것이다'가 적혀 있다.

위치	📍	북부 아프리카
		서경 5도, 북위 32도
국토면적(㎢)	🌐	446,550(한반도의 2배)
인구(명)	👫	35,561,654
수도	🛡	라바트(Rabat)
민족구성(인종)	🥧	아랍인-베르베르(99%)
언어	🗚	아랍어, 베르베르어
종교	✝	이슬람교(99%, 수니)
정치체제	🏛	입헌군주제
독립	♉	1956. 03. 02(프랑스)
외교관계(한국)	🏴	1962. 07. 06
통화	💲	모로코 디르함(Moroccan Dirham)
타임존	🕐	UTC+1
운전방향	◈	오른쪽
국제전화	📞	+212
인터넷	📶	.ma
전압	🔌	127V/220V, 50Hz
소켓타입	☺	C/E
제1도시	📕	카사블랑카(Casablanca)
제2도시	📖	페스(Fes)
대표음식	🍽	파스티야(Pastilla)

모리셔스

Mauritius
Republic of Mauritius

빨간색, 파란색, 노란색, 녹색의 수평 띠로 이루어져 있다. 빨간색은 자유와 독립을 위한 투쟁을, 파란색은 모리셔스를 둘러싼 푸른 인도양(Indian Ocean)을, 노란색은 밝은 미래를, 그리고 녹색은 농업과 푸르른 국토를 상징한다. 많은 나라의 국기가 3개 또는 5개의 수평 띠로 이루어져 있지만, 모리셔스의 국기는 유일하게 4개의 수평 띠로 구성되었다. 국가 문장(紋章) 속 방패에는 노란 갤리선, 세 그루의 야자나무, 빨간색 열쇠, 흰색 별과 산이 그려져 있고, 그 좌우에는 도도새(Dodo, 모리셔스에만 거주했던 날지 못하는 새, 멸종)와 사슴(Sambur Deer)이 사탕수수와 함께 있다. 방패 아래의 스크롤에는 모리셔스의 모토 '인도양의 별과 열쇠'(Stella Clavisque Maris Indici)가 라틴어로 쓰여 있다.

FACTS & FIGURES

위치	◎	남부 아프리카
		동경 57도 33분, 남위 20도 17분
국토면적(㎢)	⑤	2,040(서울시의 3.4배)
인구(명)	ⅱ	1,379,365
수도	⊛	포트루이스(Port Louis)
민족구성(인종)	◔	인도, 크레올, 중국
언어	文A	크레올어
종교	†	힌두교(48.5%), 로마 가톨릭(26.3%), 이슬람교(17.3%)
정치체제	🏛	의원내각제
독립	♉	1968. 03. 12(영국)
외교관계(한국)	⚐	1971. 07. 03
통화	$	모리셔스 루피(Mauritian Rupee)
타임존	◷	UTC+4
운전방향	◈	왼쪽
국제전화	☎	+230
인터넷	📶	.mu
전압	💡	230V, 50Hz
소켓타입	☺	C/G
제1도시	▌	포트루이스(Port Louis)
제2도시	▯	바코아스피닉스(Vacoas-Phoenix)
대표음식	♜	후가이(Rougaille), 가토 피그망(Gateaux Pigment)

모리타니아

Mauritania
Islamic Republic of Mauritania

녹색의 수평 띠 중앙에 위쪽을 향해 열린 노란 초승달이 있고 그 위에 노란 5각 별이 있다. 녹색 띠 위아래에는 빨간색 띠가 있다. 초승달과 별, 그리고 녹색은 이슬람의 전통적인 상징이다. 녹색은 밝은 미래를 위한 희망을, 노란색은 사하라 사막의 모래를, 빨간색은 국가를 지키기 위해 흘린 피와 노력 그리고 희생을 상징한다. 녹색, 노란색, 빨간색은 범(汎)아프리카 색이다. 국가 문장(紋章)의 녹색 원 안에는 초승달과 별(Star and Crescent), 야자나무와 사탕수수가 그려져 있으며, 바깥쪽 빨간색 원 테두리에는 '모리타니아 이슬람 공화국'이 아랍어와 불어로 쓰여있다.

FACTS & FIGURES

위치	◉	서부 아프리카
		서경 12도, 북위 20도
국토면적(㎢)	🌐	1,030,700(한반도의 4.7배)
인구(명)	👫	4,005,475
수도	◉	누악쇼트(Nouakchott)
민족구성(인종)	◔	하라틴(40%), 아랍-베르메르(30%)
언어	🗛	아랍어
종교	✝	이슬람교(100%)
정치체제	🏛	대통령중심제
독립	♀	1960. 11. 28(프랑스)
외교관계(한국)	🚩	1963. 07. 30
통화	💲	우기야(Ougiya)
타임존	🕐	UTC+0
운전방향	◈	오른쪽
국제전화	📞	+222
인터넷	📶	.mr
전압	💡	220V, 50Hz
소켓타입	☺	C
제1도시	🔖	누악쇼트(Nouakchott)
제2도시	🔖	누아디부(Nouadhibou)
대표음식	🍴	째부전(Thieboudienne)

모잠비크

Mozambique
Republic of Mozambique

녹색, 검은색, 노란색의 수평 띠로 이루어져 있으며, 검은색 띠 위아래에는 흰 경계선이 있다. 왼쪽에는 빨간 이등변 삼각형이 있으며, 그 안에 노란 5각 별, 펼쳐진 책, 교차된 소총과 괭이가 있다. 녹색은 풍요로움을, 흰색은 평화를, 검은색은 아프리카 대륙을, 노란색은 광물 자원을 상징하며, 빨간색은 독립 투쟁을 의미한다. 소총은 방어와 경계를, 괭이는 농업과 생산을 의미하며, 책은 교육의 중요성을 강조하고, 별은 마르크스주의와 국제주의를 상징한다. 국가 문장(紋章)에는 노란 톱니바퀴를 배경으로 빛나는 붉은 태양, 녹색의 모잠비크 지도, 책, 바다, 소총(AK-47)과 괭이가 있다. 이를 사탕수수 대와 옥수수 줄기가 둘러싸고 있고, 상단에는 붉은 별이, 아래 스크롤에는 '모잠비크 공화국'이라고 쓰여 있다.

FACTS & FIGURES

위치	📍 남부 아프리카 동경 35도, 남위 18도 15분
국토면적(㎢)	🌐 799,380(한반도의 3.6배)
인구(명)	👫 30,098,197
수도	✴ 마푸투(Maputo)
민족구성(인종)	☪ 아프리카(99%)
언어	🔤 포르투갈어, 마쿠아어
종교	✝ 기독교(30.9%), 로마 가톨릭(27.2%), 이슬람교(18.9%)
정치체제	🏛 대통령중심제
독립	⚱ 1975. 06. 25(포르투갈)
외교관계(한국)	🏁 1993. 08. 11
통화	💲 메티칼(Metical)
타임존	🕐 UTC+2
운전방향	◈ 왼쪽
국제전화	📞 +258
인터넷	📶 .mz
전압	💡 220V, 50Hz
소켓타입	🙂 C/F/M
제1도시	🔖 마푸투(Maputo)
제2도시	🔖 마톨라(Matola)
대표음식	🍴 프랑구(Frango piri piri)

몬테네그로

Montenegro

황금색 테두리로 둘러싸인 빨간색 바탕 중앙에 몬테네그로의 국가 문장(紋章)이 있다. 몬테네그로 공국 (1852-1910)에서 유래한 국가 문장에는, 국가(세속)와 교회(종교)의 단결을 상징하는 쌍두 독수리가 오른쪽 발톱으로는 왕홀(王笏)을, 왼쪽 발톱으로는 보주(寶珠, 왕권의 상징으로 위에 십자가가 있다)를 잡고 있고, 머리 위에는 왕관이 있다. 독수리 가슴에 있는 방패에는 파란 하늘을 배경으로 녹색 들판을 걷고 있는 황금색 사자가 있다. 사자는 교회의 권위를 상징한다.

FACTS & FIGURES

위치	📍	동남 유럽 동경 19도 18분, 북위 42도 30분
국토면적(㎢)	🌐	13,812(한반도의 1/16)
인구(명)	👥	609,859
수도	⭐	포드고리차(Podgorica)
민족구성(인종)	🥧	몬테네그로(45%), 세르비아(28.7%), 보스니아(8.7%)
언어	🗚	몬테네그로어(37%), 세르비아어(42.9%)
종교	✝	동방정교(72.1%), 이슬람교(19.1%)
정치체제	🏛	의원내각제
독립	🏆	2006. 06. 03(세르비아-몬테네그로)
외교관계(한국)	🚩	2006. 09. 04
통화	💲	유로(Euro)
타임존	🕐	UTC+1
운전방향	◈	오른쪽
국제전화	📞	+382
인터넷	📶	.me
전압	🔌	230V, 50Hz
소켓타입	☺	C/F
제1도시	🔖	포드고리차(Podgorica)
제2도시	📖	닉시치(Niksic)
대표음식	🍴	프리가니스(Priganice), 카카마크(Kacamak)

몰도바

Moldova

Republic of Moldova

파란색, 노란색, 빨간색의 수직 띠로 구성되어 있으며, 노란 띠 중앙에는 국가 문장(紋章)이 들어 있다. 검은색 테두리에 둘러싸인 독수리가 노란 십자가를 물고 있고, 오른쪽 발톱으로는 평화를 상징하는 올리브 가지를, 왼쪽 발톱으로는 권위를 상징하는 왕홀(王笏)을 잡고 있다. 독수리 가슴의 방패는 빨간색과 파란색으로 양분되어 있으며, 그 위로 몰도바를 상징하는 오록스(Aurochs, 들소)의 머리, 별, 장미, 초승달이 그려져 있다. 기본적으로 역사와 문화를 공유하는 루마니아(Romania) 국기와 색이 동일하다. 몰도바 국기는 파라과이(Paraguay)와 사우디아라비아(Saudi Arabia) 국기와 같이 국기의 앞면과 뒷면이 다르게(거울 이미지) 되어 있는 국가 중 하나이다.

FACTS & FIGURES

위치	◎	동부 유럽
		동경 29도, 북위 47도
국토면적(㎢)	◉	33,851(한반도의 1/7)
인구(명)	👫	3,364,496
수도	⊛	키시나우(Chisinau)
민족구성(인종)	◕	몰도바(75.1%), 루마니아(7%)
언어	🗛	몰도바어
종교	✝	러시아 정교(90.1%)
정치체제	🏛	의원내각제
독립	♉	1991. 08. 27(구 소련)
외교관계(한국)	⚐	1992. 01. 31
통화	⑤	몰도바 레우(Moldovan Leu)
타임존	◷	UTC+2
운전방향	◈	오른쪽
국제전화	☎	+373
인터넷	🛜	.md
전압	💡	220V, 50Hz
소켓타입	☺	C/F
제1도시	📕	키시나우(Chisinau)
제2도시	🔖	티라스폴(Tiraspol)
대표음식	🍴	머멀리가(Mamaliga), 사르말레(Sarmale)

몰디브

Maldives
Republic of Maldives

빨간색 바탕 중앙에 녹색 직사각형이 있으며, 그 안에 흰 초승달이 있다. 빨간색은 조국을 위해 목숨을 바친 영웅들의 용기와 피를 의미하며, 녹색 사각형은 평화와 번영을, 흰 초승달은 이슬람을 상징한다. 국가 문장(紋章)에는 코코야자 나무(Coconut Palm, 약에서부터 보트 제작에 이르기까지 다양한 용도로 사용)를 중심으로 그 아래에 이슬람을 상징하는 노란 초승달과 별(Star and Crescent)이 있으며, 양쪽에는 두 개의 몰디브 국기가 비스듬히 게양되어 있다. 스크롤(Scroll)에는 '궁전 같은 섬의 나라, 몰디브'(State of the Mahal Dibiyat)라고 쓰여 있다.

FACTS & FIGURES

위치	📍 남부 아시아
	동경 73도, 북위 3도 15분
국토면적(㎢)	🌐 298(서울시의 1/2)
인구(명)	👫 391,904
수도	🏛 말레(Male)
민족구성(인종)	🥧 상할라, 드라비다, 아랍
언어	🈂 디베히어
종교	✝ 이슬람교(국교)
정치체제	🏛 대통령중심제
독립	⚱ 1965. 07. 26(영국)
외교관계(한국)	🚩 1967. 11. 30
통화	💲 루피야(Rufiyaa)
타임존	🕐 UTC+5
운전방향	◈ 왼쪽
국제전화	📞 +960
인터넷	📶 .mv
전압	💡 230V, 50Hz
소켓타입	🔌 A/C/D/G/J/K/L
제1도시	🔖 말레(Male)
제2도시	🏷 훌루말레(Hulhumale)
대표음식	🍴 가루디야(Garudihiya)

몰타

Malta
Republic of Malta

흰색과 빨간색의 수직 띠를 기본으로, 왼쪽 상단에는 빨간색 테두리가 있는 조지 십자 훈장(George Cross)이 있다. 조지 십자 훈장은 제2차 세계대전 때 영국의 일원으로 연합군에 합류하여 공을 세운 몰타에 영국 국왕 조지 6세(George VI)가 하사한 것이다. 흰색과 빨간색은 1530년-1798년까지 몰타를 통치했던 세인트 존 기사단(Knights of Saint John, 몰타 기사단)이 사용한 깃발에서 유래하였다. 국가문장(紋章) 속 방패에는 몰타 국기가 있고, 이를 올리브 가지(왼쪽)와 야자나무 가지(오른쪽)가 둘러싸고 있다. 방패 위에는 성문(Sally Port)과 다섯 개의 초소(Vedette)가 있는 성벽 모양의 왕관(성벽관, 城壁冠,)이 있고, 아래에는 '몰타 공화국'(Repubblika ta' Malta)이라고 몰타어로 적힌 스크롤이 있다.

FACTS & FIGURES

위치	📍	남부 유럽
		동경 14도 35분, 북위 35도 50분
국토면적(㎢)	🌐	316(서울시의 1/2)
인구(명)	👫	457,267
수도	⭐	발레타(Valletta)
민족구성(인종)	🌓	몰타
언어	🗚	몰타어, 영어
종교	✝	로마 가톨릭(90%)
정치체제	🏛	의원내각제
독립	⚱	1964. 09. 21(영국)
외교관계(한국)	🚩	1965. 04. 02
통화	💲	유로(Euro)
타임존	🕐	UTC+1
운전방향	◈	왼쪽
국제전화	📞	+356
인터넷	📶	.mt
전압	💡	230V, 50Hz
소켓타입	☺	G
제1도시	🔖	세인트폴스베이(Saint Paul's Bay)
제2도시	🔖	비르키르카라(Birkirkara)
대표음식	🍴	파스티찌(Pastizzi)

몽골

Mongolia

빨간색, 파란색, 빨간색의 수직 띠로 이루어져 있으며, 깃대 쪽에는 '소욤보'(Soyombo)로 불리는 노란색의 상징이 있다. 소욤보는 1686년 라마교 승려 자나바자르(Zanabazar)가 개발한 독특한 그림 문자로, 위로부터 불(성장과 부), 태양과 달(몽골의 영원성), 두 개의 삼각형(창과 화살, 적을 물리침), 두 개의 가로 직사각형(정직과 정의), 두 개의 세로 직사각형(성벽, 단결과 힘), 태극의 음양(남녀)으로 구성되어 있다. 파란색은 하늘을, 빨간색은 진보와 번영을 상징한다. 국가 문장에는 세 개의 여의보주(Cintamani)와 만자 무늬(卍, Swastika)로 둘러싸인 파란 원 안에, 소욤보 문양을 한 말(Wind Horse)이 녹색의 산맥 위를 날고 있고, 그 아래에는 법륜(Wheel of Dharma)과 하닥(Hadag, 스카프)이 있다.

FACTS & FIGURES

위치	⊙ 동북 아시아 동경 105도, 북위 46도
국토면적(㎢)	🌐 1,564,116(한반도의 7.1배)
인구(명)	👫 3,168,026
수도	⊛ 울란바타르(Ulaanbaatar)
민족구성(인종)	◔ 할하(84.5%), 카자흐(3.9%)
언어	🗚 몽고어
종교	✝ 라마교(53%), 없음(38.6%), 이슬람교(3%)
정치체제	🏛 이원집정부제
독립	⚘ 1921. 07. 11(중국)
외교관계(한국)	🏳 1990. 03. 26
통화	$ 투그릭(Tugrik)
타임존	🕐 UTC+7 ~ +8
운전방향	◈ 오른쪽
국제전화	📞 +976
인터넷	📶 .mn
전압	💡 220V, 50Hz
소켓타입	☺ C/E
제1도시	■ 울란바타르(Ulaanbaatar)
제2도시	🔖 에르데넷(Erdenet)
대표음식	🍴 보즈(Buuz)

미국

United States
United States of America

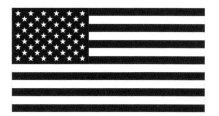

'성조기'(Stars and Stripes)로 불리는 미국 국기는 빨간색(7개)과 흰색(6개)의 수평 띠로 구성되어 있으며, 왼쪽 상단의 파란 사각형 안에는 흰색 5각 별이, 각각 6개와 5개씩 행으로 교차하며 50개가 배열되어 있다. 별은 하와이를 포함한 50개 주(州)를 상징하며, 13개의 수평 띠는 1776년 독립선언 당시의 13개 주를 의미한다. 파란색은 충성, 헌신, 진실, 정의, 우정을, 빨간색은 용기와 열정을, 흰색은 순수와 청렴함을 상징한다. 문장(紋章)에는 흰머리수리가 올리브 가지(13, 평화)와 화살(13, 전쟁 준비)을 발톱에 쥐고 있고, 가슴에는 13개 주를 상징하는 방패가 있다. 부리로는 '여럿이 모여 하나'(E Pluribus Unum)라는 건국이념이 쓰인 노란 스크롤을 물고 있고, 상단의 구름에서는 13개의 별이 빛나고 있다.

FACTS & FIGURES

위치	◎	북아메리카 서경 97도, 북위 38도
국토면적(㎢)	◉	9,833,517(한반도의 45배)
인구(명)	ﬁﬁ	332,639,102
수도	⊛	워싱턴(Washington, D.C)
민족구성(인종)	◖	백인(72.4%), 흑인(12.6%)
언어	文A	영어(78.2%), 스페인어(13.4%)
종교	†	기독교(51.7%), 로마 가톨릭(20.8%)
정치체제	🏛	대통령중심제
독립	♀	1776. 07. 04(영국)
외교관계(한국)	⚑	1949. 01. 01
통화	$	미국 달러(US Dollar)
타임존	⊙	UTC-4 ~ -10
운전방향	◈	오른쪽
국제전화	☎	+1
인터넷	⌖	.us(.com .net .gov .edu .org를 더 많이 사용)
전압	⏻	120V, 60Hz
소켓타입	⊙	A/B
제1도시	▮	뉴욕(New York City)
제2도시	▯	로스앤젤레스(Los Angeles)
대표음식	¶¶	햄버거(Hamburger), 키라임 파이(Key Lime Pie) 루벤 샌드위치(Reuben Sandwich)

미얀마

Myanmar
Republic of the Union of Myanmar

노란색, 녹색, 빨간색으로 이루어진 수평 띠 중앙에 흰색 5각 별이 있다. 2010년에 국호를 바꾸면서(기존 '버마, Burma') 새로 제정되었으며, 노란색은 연대를, 녹색은 평화와 안정을, 빨간색은 용기와 단호함을, 흰 별은 국가의 단합을 상징한다. 붉은색 바탕에 노란색 문양이 있는 국가 문장(紋章)의 중앙에는 월계수 가지가 미얀마 지도를 둘러싸고 있고, 그 좌우에는 미얀마 신화 속의 동물 친테(Chinthe, 사자)가 있다. 문장 전체는 전통적인 꽃문양으로 장식되어 있으며, 상단에는 노란 별이, 하단의 스크롤에는 미얀마어로 쓰인 '미얀마 연방 공화국'(Republic of the Union of Myanmar)이 적혀 있다.

FACTS & FIGURES

위치	⊙ 동남 아시아
	동경 98도, 북위 22도
국토면적(㎢)	🌐 676,578(한반도의 3배)
인구(명)	👫 56,590,071
수도	⊛ 네피도(Nay Pyi Taw)
민족구성(인종)	◔ 버마(68%), 샨(9%), 카렌(7%) 등
언어	🈂 미얀마어
종교	✝ 불교(87.9%), 기독교(6.2%)
정치체제	🏛 대통령중심제
독립	⚱ 1948. 01. 04(영국)
외교관계(한국)	🏳 1961. 07. 10
통화	💲 짯(Kyat)
타임존	⊙ UTC+6:30
운전방향	◈ 오른쪽
국제전화	📞 +95
인터넷	📶 .mm
전압	🔌 230V, 50Hz
소켓타입	☺ C/D/F/G
제1도시	▮ 양곤(Yangoon)
제2도시	🚪 만달레이(Mandalay)
대표음식	🍴 모힝가(Mohinga)

미크로네시아

Micronesia
Federated States of Micronesia

하늘색 바탕 중앙에 흰색 5각 별 네 개가 다이아몬드 모양으로 배열되어 있다. 하늘색은 미크로네시아를 둘러싼 태평양(Pacific Ocean)을 상징하며, 별은 추크섬(Chuuk), 폰페이섬(Pohnpei), 코스라에섬(Kosrae), 야프섬(Yap) 등 미크로네시아를 구성하고 있는 4개 섬을 나타낸다. 국가 문장(紋章)에는 짙은 파란 바다 위에 싹이 나기 시작한 코코야자 나무(Coconut Palm)가 떠 있으며, 그 아래 스크롤에는 연방의 모토 '평화, 단결, 자유'와 연방을 구성한 해인 '1979년'이 적혀 있다. 하늘에는 흰 별 4개가 있고, 원의 바깥 테두리에는 '미크로네시아 연방 정부'라고 쓰여 있다.

FACTS & FIGURES

위치	⊙ 오세아니아 동경 158도 15분, 북위 6도 55분
국토면적(km²)	⑤ 702(서울시의 1.2배)
인구(명)	♟ 102,436
수도	⊛ 팔리키르(Palikir)
민족구성(인종)	⬤ 추크(49.3%), 폰페이(29.8%), 코스라에(6.3%), 야프(5.7%)
언어	文A 영어
종교	† 로마 가톨릭(54.7%), 기독교(41.1%)
정치체제	🏛 대통령중심제
독립	♀ 1986. 11. 03(미국)
외교관계(한국)	⚑ 1991. 04. 05
통화	$ 미국 달러(US Dollar)
타임존	⊙ UTC+10 ~ +11
운전방향	◈ 오른쪽
국제전화	☎ +691
인터넷	⊚ .fm
전압	⚡ 120V, 60Hz
소켓타입	☺ A/B
제1도시	▮ 웨노(Weno)
제2도시	▯ 팔리키르(Palikir)
대표음식	¶1 박쥐 스프(Bat Soup)

바누아투

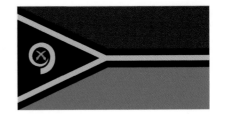

Vanuatu
Republic of Vanuatu

빨간색과 녹색의 수평 띠 사이에, 검은 Y자 띠가 가로로 있고 그 위에 노란 Y가 놓여 있다. 노란 Y가 만든 검은색 삼각형 안에는 둥그런 멧돼지 어금니와 코코야자 잎(Cycad Frond)이 있다. 빨간색은 멧돼지와 사람의 피와 단결을, 녹색은 섬의 풍요로움을, 검은색은 바누아투 사람을 나타낸다. 태평양에서 바누아투 섬의 위치를 형상화한 노란 Y자는 섬들 사이로 퍼지는 복음의 빛을 상징한다. 멧돼지 어금니는 번영을, 코코야자 잎은 평화를 상징한다. 국가 문장(紋章)에는 멧돼지 어금니와 코코야자 잎 앞에 멜라네시아 전사가 창을 들고 언덕에 서 있고, 아래의 노란 스크롤에는 국가 모토 'Long God Yumi Stanap'(우리는 신과 함께 있다)가 비스라마어로 적혀있다.

FACTS & FIGURES

위치	◎	오세아니아
		동경 167도, 남위 16도
국토면적(㎢)	⑤	12,189(한반도의 1/18)
인구(명)	ⅲ	298,333
수도	⊛	포트빌라(Port Vila)
민족구성(인종)	◔	멜라네시아(99.2%)
언어	㊋A	비스라마어, 불어, 영어
종교	†	기독교(70%), 로마 가톨릭(12.4%)
정치체제	🏛	의원내각제
독립	♈	1980. 07. 30(영국, 프랑스 공동지배)
외교관계(한국)	⚑	1980. 11. 05
통화	$	바투(Vatu)
타임존	◷	UTC+11
운전방향	◈	오른쪽
국제전화	☏	+678
인터넷	📶	.vu
전압	♀	220V, 50Hz
소켓타입	⊙	C/G/I
제1도시	🔖	포트빌라(Port Vila)
제2도시	⧠	루간빌(Luganville)
대표음식	🍴	랍랍(Laplap), 코코넛 크랩(Coconut Crab)

바레인

Bahrain
Kingdom of Bahrain

페르시아만(Persian Gulf) 국가의 전통적인 색상인 빨간색과 흰색의 톱니가 서로 지그재그로 맞물려 있다. 다섯 개의 톱니는 이슬람교도가 지켜야 할 다섯 가지의 의무-신앙고백(샤하다, Shahada), 기도(살라트, Salat), 자선(자카트, Zakat), 금식(사움, Sawm), 메카 순례(핫즈, Hajj)-를 의미한다. 빨간색은 피와 자유, 흰색은 평화를 상징한다. 국가 문장(紋章)은 바레인의 국기가 세로 방향으로 그려진 방패에 빨간색과 흰색의 장식이 주위를 둘러싸고 있다.

FACTS & FIGURES

위치	◎	중동
		동경 50도 33분, 북위 26도
국토면적(㎢)	🌐	760(서울시의 1.2배)
인구(명)	👫	1,505,003
수도	⊚	마나마(Manama)
민족구성(인종)	◔	바레인(46%), 아시아(45.5%), 아랍(4.7%)
언어	🇦	아랍어
종교	†	이슬람교(73.7%), 기독교(9.3%)
정치체제	🏛	입헌군주제
독립	⚱	1971. 08. 15(영국)
외교관계(한국)	⚑	1976. 04. 17
통화	$	바레인 디나르(Bahraini Dinar)
타임존	◷	UTC+3
운전방향	◈	오른쪽
국제전화	☎	+973
인터넷	📶	.bh
전압	💡	230V, 50Hz
소켓타입	☺	G
제1도시	▮	마나마(Manama)
제2도시	🔖	리파(Riffa)
대표음식	🍴	알무하라크(Al Muharraq)

바베이도스

Barbados

군청색(Ultramarine), 금색, 군청색의 수직 띠로 이루어져 있으며, 삼지창(Trident)이 금색 띠 중앙에 있다. 군청색은 바다와 하늘을 나타내고, 금색은 황금빛 해변을 상징한다. 삼지창은 바다의 신 포세이돈(Poseidon)이 지닌 무기로, 머리 부분만 남기고 그 아랫부분을 잘라내어 과거 영국식민지에서 벗어나 독립을 쟁취했다는 것을 의미한다. 국가 문장(紋章)의 금색 방패에는 국화인 두 송이 세셀피니아(Caesalpinia pulcherrima)와 무화과나무가 있고, 만새기(어업)와 펠리컨(펠리컨 섬)이 방패를 잡고 있다. 스크롤에는 국가의 모토인 '긍지와 근면'(Pride and Industry)이 쓰여 있으며, 방패 위에는 사탕수수 줄기를 X자 형태로 잡고 있는 바베이도스인의 팔이 그려져 있다.

FACTS & FIGURES

위치	📍	중미 카리브 서경 59도 32분, 북위 13도 10분
국토면적(㎢)	🌐	430(서울시의 5/7)
인구(명)	👫	294,560
수도	🏛	브리지타운(Bridgetown)
민족구성(인종)	🥧	흑인(92.4%), 혼혈(3.1%), 백인(2.7%)
언어	🔤	영어, 베이전 크레올어(Bajan Creole)
종교	✝	기독교(66.4%), 로마 가톨릭(3.8%)
정치체제	🏛	의원내각제
독립	🏆	1966. 11. 30(영국)
외교관계(한국)	🚩	1977. 11. 15
통화	💲	바베이도스 달러(Barbadian Dollar)
타임존	🕐	UTC-4
운전방향	🧭	왼쪽
국제전화	📞	+1-246
인터넷	📶	.bb
전압	💡	115V, 50Hz
소켓타입	🔌	A/B
제1도시	📑	브리지타운(Bridgetown)
제2도시	🔖	스페이츠타운(Speightstown)
대표음식	🍴	쿠쿠(Cou-Cou), 플라잉피쉬(Flying Fish)

바티칸시국(교황청)

Holy See (Vatican City)

1929년 라테라노 조약(Lateran Treaty, 이탈리아 왕국과 맺은 조약으로 바티칸 시국을 독립시키는 내용)에 의해 바티칸시국의 국기로 공식 제정되었다. 정사각형 모양에 노란색과 흰색의 수직 띠로 이루어져 있으며, 노란색은 교황의 종교적 힘을, 흰색은 세속적인 권한을 각각 상징한다. 오른쪽의 흰색 띠 중앙에는 교황의 삼중관(Papal Tiara)과 성 베드로(St. Peter)의 열쇠가 교차하여 있다. 국가 문장(紋章)의 붉은 방패에는 사제권, 주교권, 교도권을 상징하는 교황의 삼중관이 있고 그 아래에는 금색과 은색의 '베드로의 열쇠'(천국의 열쇠)가 교차하여 있다. 금색 열쇠는 교황의 종교적인 힘을, 은색 열쇠는 세속적인 힘을 각각 상징한다.

FACTS & FIGURES

위치	남부 유럽 동경 12도 27분, 북위 41도 54분
국토면적(㎢)	0.44(창경궁 면적)
인구(명)	1,000
수도	바티칸(Vatican City)
민족구성(인종)	이탈리아, 스위스, 아르헨티나 등
언어	라틴어, 이탈리아어, 불어
종교	로마 가톨릭
정치체제	절대군주제
독립	1929. 02. 11(이탈리아-라테라노 조약)
외교관계(한국)	1963. 12. 11
통화	유로(Euro)
타임존	UTC+1
운전방향	오른쪽
국제전화	+39
인터넷	.va
전압	230V, 50Hz
소켓타입	C/F/L
제1도시	바티칸(Vatican City)
제2도시	N/A
대표음식	페투치네 알라 파팔리나(Fettuccine alla Papalina)

바하마

Bahamas
Commonwealth of The Bahamas

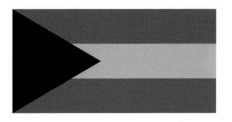

아콰마린(Aquamarine), 금색, 아콰마린의 수평 띠로 이루어져 있으며, 깃대 쪽에는 국가의 대다수를 차지하는 흑인의 단결된 힘과 활력을 나타내는 검은 정삼각형이 있다. 아콰마린과 금색은 아콰마린 색 바다와 이로 둘러싸인 바하마의 황금빛 해변을 각각 상징한다. 삼각형은 바다의 풍부한 자원을 개발하고 개척하는 바하마인들의 정신과 의지를 의미한다. 국가 문장(紋章)의 방패에는 떠오르는 태양 아래, 콜럼버스의 산타마리아(Santa María)호가 있다. 방패 위쪽에는 투구와 다양한 생물을 상징하는 고둥이 있다. 청새치(바다를 상징)와 홍학(육지)이 방패를 잡고 있고, 그 아래 스크롤에는 바하마의 국가 모토인 '앞으로 위로 함께 전진한다'(Forward Upward Onward Together)가 쓰여 있다.

FACTS & FIGURES

위치	📍	중미 카리브 서경 76도, 북위 24도 15분
국토면적(㎢)	🌐	13,880(한반도의 1/16)
인구(명)	👥	337,721
수도	⊛	나소(Nassau)
민족구성(인종)	◔	흑인(90.6%), 백인(4.7%)
언어	🇦	영어
종교	✝	기독교(69.9%), 로마 가톨릭(12%)
정치체제	🏛	의원내각제
독립	⚐	1973. 07. 10(영국)
외교관계(한국)	⚑	1985. 07. 08
통화	💲	바하마 달러(Bahamian Dollar)
타임존	🕐	UTC-5
운전방향	◈	왼쪽
국제전화	📞	+1-242
인터넷	📶	.bs
전압	💡	120V, 60Hz
소켓타입	☺	A/B
제1도시	📑	나소(Nassau)
제2도시	🏷	프리포트(Freeport)
대표음식	🍴	소라고둥(Cracked Conch)

방글라데시

Bangladesh
People's Republic of Bangladesh

녹색 바탕에 빨간색 원이 중앙에서 약간 왼쪽으로 치우쳐 있다. 녹색은 방글라데시의 풍요로운 초목과 활력을 상징하고, 빨간색 원은 떠오르는 태양과 독립을 위해 치른 희생(방글라데시 독립 전쟁)을 의미한다. 국가 문장(紋章)의 중앙에는 강물 위에 수련이 피어 있고 그 주위를 벼 이삭이 감싸고 있다. 수련 위에는 4개의 별과 3개의 황마 잎이 있다. 수련은 방글라데시의 국화이며, 물결은 방글라데시를 흐르고 있는 수많은 강을 의미한다. 벼는 방글라데시의 주식으로 농업을 의미한다. 4개의 별은 방글라데시 헌법에 규정된 4대 건국 이념 '민족주의, 세속주의, 사회주의, 민주주의'를 의미한다.

FACTS & FIGURES

위치	⊙ 남부 아시아 동경 90도, 북위 24도
국토면적(㎢)	🌐 148,460(한반도의 2/3)
인구(명)	👫 162,650,853
수도	⊛ 다카(Dhaka)
민족구성(인종)	◔ 벵갈(98%)
언어	🗛 벵갈어
종교	† 이슬람교(89.1%), 힌두교(10%)
정치체제	🏛 의원내각제
독립	♔ 1971. 12. 16(파키스탄)
외교관계(한국)	⚐ 1973. 12. 18
통화	$ 타카(Taka)
타임존	🕐 UTC+6
운전방향	◈ 왼쪽
국제전화	📞 +880
인터넷	📶 .bd
전압	💡 220V, 50Hz
소켓타입	☺ C/D/G/K
제1도시	▪ 다카(Dhaka)
제2도시	🔖 치타공(Chittagong)
대표음식	🍴 소쉬 일리쉬(Sorshe ilish)

베냉

Benin
Republic of Benin

왼쪽에는 수직의 녹색 띠가 있고, 오른쪽에는 노란색과 빨간색의 수평 띠가 있다. 녹색은 민주주의에 대한 희망을, 노란색은 국가의 풍요로움을, 빨간색은 국가 독립을 이룩한 선조의 용기를 상징한다. 녹색, 노란색, 빨간색은 에티오피아(Ethiopia) 국기에서 차용한 아프리카 국가들이 선호하는 범(汎)아프리카 색이다. 국가 문장(紋章)에는, 검은색 풍요의 뿔(Cornucopias) 안에 옥수수 이삭이 담겨있고, 베냉의 상징 동물인 표범 두 마리가 들고 있는 방패에는 성, 훈장, 항해하는 배와 야자수가 있다. 흰 스크롤에는 베냉의 모토인 '우애, 정의, 노동'(Fraternité, Justice, Travail)이 불어로 적혀 있다.

FACTS & FIGURES

위치	◎ 서부 아프리카
	동경 2도 15분, 북위 9도 30분
국토면적(㎢)	⊕ 112,622(한반도의 1/2)
인구(명)	⋔ 12,864,634
수도	◉ 포르토 노보(Porto Novo)
민족구성(인종)	◔ 폰족(38%), 아드자(15%), 요루바(12%)
언어	文A 불어
종교	† 이슬람교(27.7%), 로마 가톨릭(25.5%), 기독교(13.5%)
정치체제	🏛 대통령중심제
독립	♀ 1960. 08. 01(프랑스)
외교관계(한국)	⚑ 1961. 08. 01
통화	$ 세파 프랑(CFA Franc)
타임존	◷ UTC+1
운전방향	◈ 오른쪽
국제전화	☎ +229
인터넷	📶 .bj
전압	♀ 220V, 50Hz
소켓타입	☺ C/E
제1도시	🔖 코토누(Cotonou)
제2도시	⎗ 아보메 칼라비(Abomey-Calavi)
대표음식	🍴 쿨리쿨리(Kuli Kuli)

베네수엘라

Venezuela
Bolivarian Republic of Venezuela

19세기의 '그란 콜롬비아'(Gran Colombia, 1819-31, 오늘날의 콜롬비아, 베네수엘라, 에콰도르)의 깃발을 모태로 노란색, 파란색, 빨간색의 수평 띠로 구성되어 있으며, 중앙에는 8개의 흰 별이 아치 형태로 배열되어 있고, 왼쪽 상단에는 국가 문장(紋章)이 있다. 노란색은 국토의 부(富)를, 파란색은 국민의 용기를, 빨간색은 독립을 위해 흘린 피를 상징한다. 8개의 별은 독립전쟁에 함께 참여한 8개 지방을 상징한다. 국가 문장(紋章)의 방패에는 밀 이삭(풍요), 국기와 칼과 창(승리), 달리는 말(자유와 독립)이 있으며, 이를 월계수(승리)와 올리브(평화) 가지가 감싸고 있다. 상단에는 풍요의 뿔이 있고, 하단의 스크롤에는 '1810년 4월 19일-독립', '1859년 2월 20일-연방', '국가명'이 각각 쓰여 있다.

FACTS & FIGURES

위치	📍	남아메리카 서경 66도, 북위 8도
국토면적(㎢)	🌐	912,050(한반도의 4.1배)
인구(명)	👥	28,644,603
수도	⭐	카라카스(Caracas)
민족구성(인종)	🌓	메스티조(51.6%), 유럽(43.6%)
언어	🗛	스페인어
종교	✝	로마 가톨릭(96%)
정치체제	🏛	대통령중심제
독립	♀	1811. 07. 05(스페인)
외교관계(한국)	🏳	1965. 04. 29
통화	💲	베네수엘라 볼리바르(Venezuelan Bolivar)
타임존	🕐	UTC-4
운전방향	◈	오른쪽
국제전화	📞	+58
인터넷	📶	.ve
전압	🔌	120V, 60Hz
소켓타입	🙂	A/B
제1도시	📕	마라카이보(Maracaibo)
제2도시	🔖	카라카스(Caracas)
대표음식	🍴	아레파(Arepa), 파베욘 크리오요(Pabellón criollo)

베트남

Vietnam
Socialist Republic of Vietnam

빨간색 바탕에 노란 5각 별이 중앙에 있다. 빨간색은 혁명과 피를 상징하고, 5각 별은 사회주의 건설을 위해 단결하는 '노동자, 농민, 지식인, 상인, 군인'을 각각 나타낸다. 국가 문장(紋章)에는 빨간색 배경에 노란 5각 별이 상단에 있고, 아래에는 톱니바퀴가 있다. 노란 벼 이삭은 별과 톱니바퀴를 둥그렇게 감싸고 있고, 톱니바퀴와 벼 이삭은 공업(노동자)과 농업(농민)의 협력을 상징한다. 그 아래 빨간 스크롤에는 베트남어로 '베트남 사회주의 공화국'이라고 적혀있다.

FACTS & FIGURES

위치	동남 아시아 동경 107도 50분, 북위 16도 10분
국토면적(㎢)	331,210 (한반도의 1.5배)
인구(명)	98,721,275
수도	하노이(Hanoi)
민족구성(인종)	베트남(85.7%), 따이(1.9%) 등
언어	베트남어
종교	없음(81.8%), 불교(7.9%)
정치체제	공산당 1당 체제
독립	1945. 09. 02(프랑스)
외교관계(한국)	1992. 12. 12
통화	베트남 동(Vietnames Dong)
타임존	UTC+7
운전방향	오른쪽
국제전화	+84
인터넷	.vn
전압	220V, 50Hz
소켓타입	A/C/F
제1도시	호치민(Ho Chi Minh City)
제2도시	하노이(Hanoi)
대표음식	포(Pho, 쌀국수), 반미(Bánh mì), 고이꾸온(Gỏi cuốn)

벨기에

Belgium
Kingdom of Belgium

프랑스 국기의 수직 띠를 본떠 만든 검은색, 노란색, 빨간색의 삼색으로 이루어져 있다. 색은 벨기에의 기반이 된 브라반트 공작(Duchy of Brabant)의 문장(紋章)에서 유래하였다(브라반트 공작의 문장에는 검정 바탕에 붉은 발톱과 붉은 혀를 가진 황금 사자가 있다). 국가 문장(紋章)에는, 왕관이 올려진 빨간 망토 안에 벨기에 국기를 든 두 마리 사자가, 브라반트 공작의 사자가 그려진 검은 방패를 들고 있다. 방패 뒤에는 정의의 손(Hand of Justice)과 사자상이 조각된 왕홀(王笏, 권력과 위엄을 나타내는 상징물)이 있다. 문장 아래의 스크롤에는 '단결이 힘이다'(L'union fait la force)라는 국가 모토가 불어로 쓰여 있고, 망토 위쪽에는 벨기에를 구성하는 9개 주(州)의 깃발이 나란히 있다.

FACTS & FIGURES

위치	📍	서유럽
		동경 4도, 북위 50도 50분
국토면적(㎢)	🌐	30,528(한반도의 1/7)
인구(명)	👥	11,720,716
수도	⊛	브뤼셀(Brussels)
민족구성(인종)	◗	벨기에(75%), 이탈리아(4.1%)
언어	文A	네덜란드어(60%), 불어(40%), 독일어
종교	†	로마 가톨릭(50%), 이슬람교(5%)
정치체제	🏛	의원내각제
독립	♀	1830. 07. 21(네덜란드)
외교관계(한국)	⚑	1961. 05. 02
통화	$	유로(Euro)
타임존	🕐	UTC+1
운전방향	◇	오른쪽
국제전화	📞	+32
인터넷	🛜	.be
전압	💡	230V, 50Hz
소켓타입	☺	C/E
제1도시	▮	안트베르펜(Antwerpen)
제2도시	◻	겐트(Gent)
대표음식	🍴	물프리트(Moules-Frites), 벨기에 와플

벨라루스

Belarus
Republic of Belarus

빨간색과 녹색(빨간색 면적의 1/2)의 수평 띠로 이루어져 있으며, 왼쪽에는 흰색의 세로띠 위에 식물과 꽃을 형상화한 빨간 벨라루스 전통 문양이 있다. 빨간색은 독립을 위한 투쟁을, 녹색은 희망과 벨라루스의 숲을 상징한다. 국가 문장(紋章)은 유라시아 대륙이 보이는 지구 위로 태양이 황금빛을 발하며 녹색 벨라루스 국토를 비추고 있으며, 그 위로 빨간 별이 하나 있다. 이를 밀+토끼풀, 밀+아마(Flax)가 벨라루스 국기를 상징하는 빨간색과 녹색의 스크롤에 묶여 문장 주위를 장식하고 있다. 스크롤 하단에는 '벨라루스 공화국' 국명이 벨라루스어로 쓰여 있다.

FACTS & FIGURES

위치	📍	동부 유럽 동경 28도, 북위 53도
국토면적(㎢)	🌐	207,600(한반도의 94%)
인구(명)	👫	9,477,918
수도	⭐	민스크(Minsk)
민족구성(인종)	🥧	벨라루스(83.7%), 러시아(8.3%), 폴란드(3.1%)
언어	🗛	러시아어(70.2%), 벨라루스어(23.4%)
종교	✝	러시아 정교(48.3%), 무교(41.1%)
정치체제	🏛	대통령중심제
독립	🏆	1991. 08. 25(구 소련)
외교관계(한국)	🏴	1992. 02. 10
통화	💲	벨라루스 루블(Belarusian Ruble)
타임존	🕐	UTC+3
운전방향	◈	오른쪽
국제전화	📞	+375
인터넷	📶	.by
전압	🔌	220V, 50Hz
소켓타입	☺	C/F
제1도시	🔖	민스크(Minsk)
제2도시	🔖	호멜(Homel)
대표음식	🍴	드라니끼(Draniki)

벨리즈

Belize

파란색 바탕의 위아래 가장자리에는 빨간색 띠가 있다. 국기 중앙에는 국가 문장(紋章)이 그려진 흰 원이 있다. 50개의 마호가니 나뭇잎이 감싸고 있는 문장 안에는 방패와 마호가니 나무가 있고, 방패에는 벌목에 사용하는 각종 도구와 범선이 그려져 있다. 도끼를 든 메스티조(Mestizo, 백인과 인디오의 혼혈)와 노를 든 크레올(Creole, 백인과 흑인의 혼혈)이 방패를 잡고 있다. 메스티조와 크레올은 이들이 나라의 주역임을 상징하고, 이들이 들고 있는 도끼와 노는 벨리즈의 주요 산업이었던 벌목과 조선업을 의미한다. 방패 아래 스크롤에는 벨리즈의 모토 '그늘 아래에서 번창한다'(Sub Umbra Floreo)가 라틴어로 쓰여 있다. 빨간색과 파란색은 벨리즈의 두 정당, 국민연합당과 통일민주당을 의미한다.

FACTS & FIGURES

위치	⊙ 중미
	서경 88도 45분, 북위 17도 15분
국토면적(㎢)	⑤ 22,966(한반도의 1/10)
인구(명)	♀♂ 399,598
수도	⊛ 벨모판(Belmopan)
민족구성(인종)	◕ 메스티조(52.9%), 크레올(25.9%), 마야(11.3%)
언어	文A 영어, 스페인어, 크레올어
종교	† 로마 가톨릭(40.1%), 기독교(31.5%)
정치체제	🏛 의원내각제
독립	⚘ 1981. 09. 21(영국)
외교관계(한국)	⚑ 1987. 04. 14
통화	💲 벨리즈 달러(Belize Dollar)
타임존	⊙ UTC-6
운전방향	◇ 오른쪽
국제전화	📞 +501
인터넷	📶 .bz
전압	💡 110V/220V, 60Hz
소켓타입	☺ A/B/G
제1도시	▮ 벨리즈(Belize)
제2도시	🔖 벨모판(Belmopan)
대표음식	🍴 보일업(Boil up), 후라이잭(Fry Jacks)

보스니아헤르체고비나

Bosnia and Herzegovina

파란색 바탕 중앙에 노란색 이등변 삼각형이 있고, 삼각형 빗변에는 7개의 흰색 5각 별과 반으로 잘린 2개의 별이 있다. 삼각형은 보스니아헤르체고비나의 국토 모양을 나타내고, 각 꼭짓점은 국가를 구성하는 세 민족인 보스니아인, 크로아티아인, 세르비아인을 의미한다. 파란색과 흰색 별은 보스니아헤르체고비나가 유럽 연합의 일원임을 의미하며, 잘린 두 개의 별은 영속성을 나타낸다. 노란색은 보스니아헤르체고비나를 구성하는 세 민족이 서로 협력하면서 미래의 희망을 함께 만들어 가는 것을 의미한다.

FACTS & FIGURES

위치	⊙ 동남 유럽
	동경 18도, 북위 44도
국토면적(㎢)	🌐 51,197(한반도의 1/4)
인구(명)	👫 3,835,586
수도	⊛ 사라예보(Sarajevo)
민족구성(인종)	◕ 보스니아(50.1%), 세르비아(30.8%), 크로아티아(15.4%)
언어	🗛 보스니아어, 세르비아어, 크로아티아어
종교	† 이슬람교(50.7%), 세르비아 정교(30.7%), 로마 가톨릭(15.2%)
정치체제	🏛 의원내각제
독립	🏆 1992. 03. 01(구 유고슬라비아)
외교관계(한국)	🏳 1995. 12. 15
통화	$ 태환 마르카(Convertible Mark)
타임존	⊙ UTC+1
운전방향	◈ 오른쪽
국제전화	📞 +387
인터넷	📶 .ba
전압	💡 230V, 50Hz
소켓타입	☺ C/F
제1도시	▮ 사라예보(Sarajevo)
제2도시	🔖 바냐루카(Banja Luka)
대표음식	🍴 보산스키 로나츠(Bosanski Lonac), 체바피(Ćevapi)

보츠와나

Botswana
Republic of Botswana

하늘색 바탕에 흰색 경계선이 있는 검은색 수평 띠가 중앙을 가로지르고 있다. 하늘색은 물을, 검은색과 흰색은 인종 간의 화합과 다양성 그리고 보츠와나의 국가 동물인 얼룩말(얼룩말 무늬)을 나타낸다. 국가 문장(紋章) 속 흰색 방패에는 세 개의 톱니바퀴, 하늘색 물결무늬, 황소의 머리가 그려져 있다. 톱니바퀴는 산업을, 물결무늬는 물과 비를 의미하며, 황소의 머리는 목축의 중요성을 상징한다. 방패 좌우에는 얼룩말 두 마리가 상아와 수수를 들고 있다. 수수는 보츠와나의 대표적인 생산물이며, 얼룩말은 야생동물과 관광을, 상아는 야생동물의 보호를 상징한다. 방패 아래의 파란 스크롤에는 보츠와나의 모토 '비'(Pula, 풀라)가 쓰여 있다. 풀라는 비(Rain)와 행운의 뜻을 가지고 있으며 화폐의 명칭이기도 하다.

FACTS & FIGURES

위치	📍	남부 아프리카 동경 24도, 남위 22도
국토면적(㎢)	🌐	581,730(한반도의 2.7배)
인구(명)	👫	2,317,233
수도	⊛	가보로네(Gaborone)
민족구성(인종)	🍃	츠와나(79%), 카랑가(11%)
언어	🗛	세츠와나어(77.3%), 영어(2.8%)
종교	†	기독교(79.1%)
정치체제	🏛	의원내각제
독립	⚲	1966. 09. 30(영국)
외교관계(한국)	⚐	1968. 04. 18
통화	💲	보츠와나 풀라(Botswana Pula)
타임존	🕐	UTC+2
운전방향	◈	왼쪽
국제전화	📞	+267
인터넷	🛜	.bw
전압	💡	230V, 50Hz
소켓타입	☺	D/G/M
제1도시	■	가보로네(Gaborone)
제2도시	▯	프랜시스타운(Francistown)
대표음식	🍴	세스와(Seswaa)

볼리비아

Bolivia
Plurinational State of Bolivia

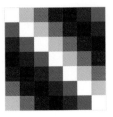

빨간색, 노란색, 녹색의 수평 띠 중앙에 국가 문장(紋章)이 있다. 빨간색은 국가 영웅이 흘린 피와 용맹을, 노란색은 풍부한 지하자원을, 녹색은 영토의 비옥함을 나타낸다. 볼리비아는 2009년 헌법개정으로 '위팔라'(Wiphala)라고 부르는 사각형의 다색 깃발을 국기와 함께 게양하는 것을 의무화했다. '위팔라'는 국가의 구성원인 여러 원주민과 그 다양성을 상징한다. 국가 문장의 방패에는 포토시 산, 광산 입구, 잉카의 둥근 태양(Inti), 알파카, 야자수와 밀 다발이 있으며, 그 주위로 국가명과 10개 주(州)를 상징하는 별이 있다. 방패 뒤에는 국기, 대포, 소총(독립)이 있고, 그 위로 프리기아 모자(자유)와 도끼가 있다. 방패 위에는 콘도르(국가 수호)가 앉아 있고 그 뒤로 월계수(평화) 화관이 있다.

FACTS & FIGURES

위치	◉	남아메리카
		서경 65도, 남위 17도
국토면적(㎢)	⑤	1,098,581(한반도의 5배)
인구(명)	♂♀	11,639,909
수도	◉	라파스(La Paz, 행정수도), 수크레(Sucre, 헌법수도)
민족구성(인종)	◔	메스티조(68%), 토착원주민(20%)
언어	🅰	스페인어, 케추아어
종교	†	로마 가톨릭(76.8%)
정치체제	🏛	대통령중심제
독립	♀	1825. 08. 06(스페인)
외교관계(한국)	⚑	1965. 04. 25
통화	$	볼리비아노(Boliviano)
타임존	◷	UTC-4
운전방향	◈	오른쪽
국제전화	☎	+591
인터넷	🛜	.bo
전압	⚡	115V/230V, 50Hz
소켓타입	☺	A/C
제1도시	▌	라파스(La Paz)
제2도시	▯	산타크루즈(Santa Cruz de la Sierra)
대표음식	🍴	살떼냐(Salteña)

부룬디

Burundi
Republic of Burundi

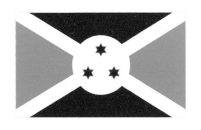

흰색의 십자 띠가 대각선으로 뻗어있으며, 중앙의 흰색 원 안에는 녹색 외곽선으로 둘러싸인 빨간색 6각별이 3개 있다. 흰색 대각선이 만든 위아래에는 빨간색 삼각형이, 좌우에는 녹색 삼각형이 있다. 빨간색은 독립전쟁에서 흘린 피를, 녹색은 희망과 긍정을, 흰색은 순결과 평화를 상징한다. 세 개의 별은 국가를 구성하고 있는 주요 민족인 후투(Hutu), 투치(Tutsi), 트와(Twa)족을 상징하며, 동시에 국가의 모토인 단결, 노동, 진보를 의미한다. 국가 문장(紋章)에는, 노란색 테두리가 있는 빨간 방패 안에 사자의 얼굴이 있고, 그 뒤에 창이 3개 있다. 방패 아래 스크롤에는 '단결, 노동, 진보'가 불어로 쓰여있다.

FACTS & FIGURES

위치	⊙	중앙 아프리카
		동경 30도, 남위 3도 30분
국토면적(㎢)	⊛	27,830(한반도의 1/8)
인구(명)	⍾⍾	11,865,821
수도	⊛	기테가(Gitega)
민족구성(인종)	◖	후투(85%), 투치(14%), 트와(1%)
언어	🅰	불어, 키룬디어
종교	†	로마 가톨릭(62.1%), 기독교(23.9%)
정치체제	🏛	대통령중심제
독립	⚲	1962. 07. 01(벨기에)
외교관계(한국)	⚑	1991. 10. 03
통화	$	부룬디 프랑(Burundian Franc)
타임존	⊙	UTC+2
운전방향	◈	오른쪽
국제전화	☎	+257
인터넷	📶	.bi
전압	💡	220V, 50Hz
소켓타입	☺	C/E
제1도시	▌	부줌부라(Bujumbura)
제2도시	☐	무잉가(Muyinga)
대표음식	🍴	보코보코(Boko-Boko)

부르키나파소

Burkina Faso

빨간색, 녹색의 수평 띠 중앙에 노란색 5각 별이 하나 있다. 빨간색은 독립투쟁을 나타내고, 녹색은 희망과 풍요를 나타낸다. '혁명의 별'로 불리는 노란 별은 부르키나파소의 풍부한 지하자원을 상징한다. 국가문장(紋章)에는 부르키나파소의 국기가 그려진 방패가 중앙에 있고, 교차한 검은색 창의 위아래에 걸린 흰색 스크롤에는 '부르키나파소'와 '단결, 진보, 정의'(Unité, Progrès, Justice)가 위아래에 각각 불어로 쓰여 있다. 방패 옆에는 흰 종마(Stallion) 두 마리가 앞다리를 들고 있으며, 방패 아래에는 펼쳐진 책이, 스크롤 좌우로는 부르키나파소의 주요 농산물인 펄 밀렛(Pearl Millet, 볏과의 식물)이 있다.

FACTS & FIGURES

위치	📍	서부 아프리카
		서경 2도, 북위 13도
국토면적(㎢)	🌐	274,200(한반도의 1.2배)
인구(명)	👫	20,835,401
수도	🛡	와가두구(Ouagadougou)
민족구성(인종)	🥧	모시(52%), 기타(48%)
언어	🗛	불어
종교	✝	이슬람교(61.5%), 로마 가톨릭(23.3%)
정치체제	🏛	대통령중심제
독립	🏆	1960. 08. 05(프랑스)
외교관계(한국)	🚩	1962. 04. 20
통화	💲	세파 프랑(CFA Franc)
타임존	🕐	UTC+0
운전방향	◈	오른쪽
국제전화	📞	+226
인터넷	📶	.bf
전압	💡	220V, 50Hz
소켓타입	🙂	C/E
제1도시	📕	와가두구(Ouagadougou)
제2도시	🔖	보보디울라소(Bobo-Dioulasso)
대표음식	🍴	리그라(Riz Graz)

부탄

Bhutan

Kingdom of Bhutan

노란색, 주황색 삼각형이 대각선으로 나누어져 있으며, 대각선을 따라 여의주를 잡고 있는 흰 용이 있다. 용(Thunder Dragon)은 티베트어(종카어)로 'Druk'이라고 하며 국가의 상징이다. 흰색은 순결과 충성을, 여의주는 국가의 부와 안전, 국민의 보호를 상징한다. 주황색은 불교를, 노란색은 세속 왕조를 나타내고, 용의 포효하는 입은 신들이 부탄을 수호하겠다는 약속을 의미한다. 국가 문장(紋章)에는, 두 개의 바지라(Vajra, 고대 인도 신의 무기)가 교차하고 있으며 중앙에는 주권을 상징하는 보석이 있고, 이를 용 두 마리(남녀)가 잡고 있다. 바지라 아래에는 연꽃이 있다. 바지라는 세속과 종교의 조화를 나타내고, 연꽃은 순수함을 상징한다. 둥근 원은 우주를 나타내고, 용은 '용의 나라' 부탄을 상징한다.

FACTS & FIGURES

위치	⊙	남부 아시아
		동경 90도 30분, 북위 27도 30분
국토면적(㎢)	🌐	38,394(한반도의 1/6)
인구(명)	👫	782,318
수도	★	팀푸(Thimphu)
민족구성(인종)	◗	보테(티벳, 50%), 네팔(35%)
언어	🗛	종카어(Dzongkha)
종교	†	라마교(75.3%), 힌두교(22.1%)
정치체제	🏛	입헌군주제
독립	♀	1907. 12. 17
외교관계(한국)	🏳	1987. 09. 24
통화	$	눌트럼(Ngultrum)
타임존	🕐	UTC+6
운전방향	◈	왼쪽
국제전화	📞	+975
인터넷	📶	.bt
전압	💡	230V, 50Hz
소켓타입	☺	C/D/F/G/M
제1도시	🚩	팀푸(Thimphu)
제2도시	🔖	푼촐링(Phuntsholing)
대표음식	🍴	에마 다치(Ema Datshi)

북마케도니아

North Macedonia
Republic of North Macedonia

1995년에 새로 제정된 북마케도니아의 국기는, 빨간색 바탕에 8줄기의 뻗어 나가는 노란 햇살을 가진 '자유의 태양'(Sun of Liberty)이 중앙에 있다. 독립 후 1992년까지는 알렉산드로스 대왕(Alexander the Great)의 아버지인 필리포스 2세(Philip II)의 것으로 추정되는 황금 상자에 새겨진 '베르기나의 태양'(Vergina Sun)을 사용하였다. 하지만 알렉산드로스 대왕과 관련된 문양이기에 쓸 수 없다고 반발하는 그리스(Greece) 때문에 현재의 태양으로 대체하였다. 국가 문장(紋章)에는 떠오르는 태양(자유), 코라브산(Korab), 바르다르강(Vardar), 오흐리드호(Ohrid)가 있으며, 이를 문장 아래쪽에 있는 전통 문양이 수놓아진 스크롤과 문장 좌우에 있는 밀 이삭+담뱃잎+양귀비 꽃봉오리 묶음이 감싸고 있다.

FACTS & FIGURES

위치	📍 동남 유럽 동경 22도, 북위 41도 50분
국토면적(㎢)	🌐 25,713(한반도의 1/9)
인구(명)	👫 2,125,971
수도	⚜ 스코페(Skopje)
민족구성(인종)	🥧 마케도니아(64.2%), 알바니아(25.2%)
언어	🗚 마케도니아어
종교	✝ 마케도니아 정교(64.8%), 이슬람교(33.3%)
정치체제	🏛 의원내각제
독립	🏆 1991. 09. 08(구 유고슬라비아)
외교관계(한국)	🏳 2019. 07. 18
통화	💲 데나르(Denar)
타임존	🕐 UTC+1
운전방향	◈ 오른쪽
국제전화	📞 +389
인터넷	📶 .mk
전압	💡 230V, 50Hz
소켓타입	☺ C/F
제1도시	📕 스코페(Skopje)
제2도시	📖 쿠마노보(Kumanovo)
대표음식	🍴 타프체그라프체(Tavche Gravche)

북한

Korea, North
Democratic People's Republic of Korea

파란색, 빨간색, 파란색의 수평 띠로 구성되어 있으며, 빨간 띠 위아래에는 흰색 테두리가 있다. 빨간 띠 왼쪽의 흰색 원 안에는 빨간 5각 별이 있다. 빨간색은 혁명 정신과 열정을 상징하고, 흰색은 고결, 존엄, 한민족을, 파란색은 주권과 평화, 우정을 상징한다. 붉은 별은 사회주의를 나타낸다. 북한에서는 '공화국 국기'라고 부르며, 대한민국에서는 '인공기'(인민공화국기)라고 부른다. 국가 문장(紋章)에는 백두산을 배경으로 수풍댐(수력 발전소)과 철탑이 있고, 상단에는 붉은 별이 빛나고 있다. 이를 벼 이삭이 감싸고 있으며, 빨간 스크롤에는 '조선민주주의인민공화국'이라는 국명이 쓰여 있다. 붉은 별은 혁명을, 벼 이삭은 농업과 인민을, 댐과 철탑은 공업과 노동을 상징한다. 북한에서는 백두산을 혁명의 성지로 여긴다.

FACTS & FIGURES

위치	◎	동북 아시아 동경 127도, 북위 40도
국토면적(㎢)	◉	120,538(한반도의 5/9)
인구(명)	ⅷ	25,643,466
수도	◉	평양(Pyongyang)
민족구성(인종)	◕	한국
언어	文A	한국어
종교	†	불교, 유교, 천도교
정치체제	⛪	공산당 1당 체제
독립	♕	1945. 08. 15(일본)
외교관계(한국)	⚑	휴전
통화	$	북한 원(Won)
타임존	◷	UTC+9
운전방향	◈	오른쪽
국제전화	☎	+850
인터넷	⎗	.kp
전압	⚡	110V/220V, 50Hz/60Hz
소켓타입	☺	A/C/F
제1도시	▌	평양(Pyongyang)
제2도시	▯	함흥(Hamhung)
대표음식	¶¶	김치(Kimchi), 냉면(Naengmyeon)

불가리아

Bulgaria
Republic of Bulgaria

흰색, 녹색, 빨간색의 수평 띠로 이루어져 있으며, 범(汎)슬라브(Pan-Slavism) 색(흰색-파란색-빨간색)
중에서 파란색이 녹색으로 대체된 것이다. 흰색은 평화와 사랑과 자유를, 녹색은 풍요로운 농업을, 빨간
색은 독립투쟁과 용기를 상징한다. 국가 문장(紋章)에는, 왕관을 쓴 황금색 사자가 그려진 빨간 방패가
중앙에 있고, 이를 두 마리 황금색 사자가 양쪽에서 들고 있다. 방패 위에는 5개의 십자가가 있는 황제
(Tsars)의 왕관이 있으며, 방패 아래에는 참나무 가지와 열매가 있다. 스크롤에는 불가리아어로 '단결이
힘이다, Strength through Unity'라는 국가 모토가 적혀있다.

FACTS & FIGURES

위치	⊙ 동남 유럽 동경 25도, 북위 43도
국토면적(㎢)	⊕ 110,879(한반도의 1/2)
인구(명)	⋔ 6,966,899
수도	★ 소피아(Sofia)
민족구성(인종)	◐ 불가리아(76.9%), 터키(8%), 집시(4.4%)
언어	㊌ 불가리아어
종교	✝ 동방정교(59.4%), 이슬람교(7.8%)
정치체제	🏛 의원내각제
독립	♀ 1878. 03. 03(오스만 제국)
외교관계(한국)	⚑ 1990. 03. 23
통화	$ 레프(Lev)
타임존	⊙ UTC+2
운전방향	◈ 오른쪽
국제전화	☎ +359
인터넷	⊚ .bg
전압	⏻ 230V, 50Hz
소켓타입	⊙ C/F
제1도시	▮ 소피아(Sofia)
제2도시	⬚ 플로브디프(Plovdiv)
대표음식	⑪ 봅 초르바(Bob Chorba), 바니차(Banitsa)

브라질

Brazil

Federative Republic of Brazil

녹색 바탕에 노란 마름모가 중앙에 있고, 그 안에 남색의 둥근 천구와 흰색의 5각 별이 27개 있다. 천구 중앙에는 국가 모토 'ORDEM E PROGRESSO'(질서와 진보)가 쓰인 흰색 띠가 가로지르고 있다. 녹색은 울창한 숲을, 노란 마름모는 풍부한 광물 자원과 국토의 모양을 나타낸다. 천구와 별은 브라질이 왕정을 폐지하고 공화정을 선포한 1889년 11월 15일 리우데자네이루 상공의 하늘(남십자성)을 묘사한 것이다. 27개의 별은 26개의 주(州)와 1개의 연방 특별구를 상징한다. 국가 문장(紋章)에는, 녹색-노란색으로 이루어진 큰 별 중앙에, 남십자성과 27개의 별이 있는 하늘색 원이 있고, 그 옆에는 브라질의 주 생산품인 커피와 담뱃잎이 장식되어 있다. 별 아래에는 칼이 있고, 스크롤에는 국가 이름이 적혀 있다.

FACTS & FIGURES

위치	📍	남아메리카 서경 55도, 남위 10도
국토면적(㎢)	🌐	8,515,770(한반도의 38배)
인구(명)	👫	211,715,973
수도	⭐	브라질리아(Brasilia)
민족구성(인종)	🥧	백인(47.7%), 뮬레토(43.1%)
언어	🗛	포르투갈어
종교	✝	로마 가톨릭(64.6%), 기독교(22.2%)
정치체제	🏛	대통령중심제
독립	⚐	1822. 09. 07(포르투갈)
외교관계(한국)	⚑	1959. 10. 31
통화	💲	헤알(Real)
타임존	🕐	UTC-2 ~ -5
운전방향	◇	오른쪽
국제전화	📞	+55
인터넷	📶	.br
전압	💡	127V/220V, 60Hz
소켓타입	☺	C/N
제1도시	🔖	상파울루(São Paulo)
제2도시	📑	리우데자네이루(Rio de Janeiro)
대표음식	🍴	페이조아다(Feijoada), 코시냐(Coxinha)

브루나이

Brunei
Brunei Darussalam

흰색과 검은색의 두 대각선 띠가 왼쪽 위로부터 오른쪽 아래로 걸쳐 있으며, 중앙에는 빨간색 국가 문장(紋章)이 있다. 노란색은 왕실과 술탄(이슬람 세계의 통치자)을 상징하고, 흰색과 검은색은 왕실을 보좌하는 수석장관과 수석 보좌관을 각각 나타낸다. 문장(紋章)의 상단에는 왕정을 상징하는 제비 꼬리 깃발과 왕실 우산이 있으며, 그 아래 4개의 날개깃은 정의, 평온, 번영, 평화를 나타낸다. 초승달은 이슬람교를 상징하며, 초승달 안에는 국가의 모토 '항상 신의 가호가 있기를'가 적혀있고, 바로 아래 스크롤에는 'Brunei Darussalam, 평화의 나라, 브루나이'가 아랍어로 쓰여있다. 하늘을 향해 벌린 두 손은 국민을 보호하고 국민의 복지를 증진하겠다는 정부의 서약을 나타낸다.

FACTS & FIGURES

위치	⊙ 동남 아시아 동경 114도 40분, 북위 4도 30분
국토면적(㎢)	🌐 5,765(서울시의 10배)
인구(명)	👫 464,478
수도	⚑ 반다르스리브가완(Bandar Seri Begawan)
민족구성(인종)	◔ 말레이(65.7%), 중국(10.3%)
언어	🗛 말레이어, 영어
종교	† 이슬람교(78.8%, 국교)
정치체제	🏛 절대군주제
독립	♀ 1984. 01. 01(영국)
외교관계(한국)	⚑ 1984. 01. 01
통화	$ 브루나이 달러(Brunei Dollar)
타임존	🕐 UTC+8
운전방향	◈ 왼쪽
국제전화	📞 +673
인터넷	📶 .bn
전압	💡 240V, 50Hz
소켓타입	☺ G
제1도시	🔖 반다르스리브가완(Bandar Seri Begawan)
제2도시	▯ 쿠알라블라잇(Kuala Belait)
대표음식	🍴 암부얏(Ambuyat)

기타 종교는 인정하나 포교는 금지

사모아

Samoa

Independent State of Samoa

빨간색 바탕에 왼쪽 상단에는 파란 직사각형이 있고, 그 안에는 남십자성(Southern Cross)을 의미하는 흰색 5각 별 다섯 개가 있다. 빨간색은 용기를, 파란색은 자유를, 흰색은 순수함을 나타낸다. 타이완(Taiwan)의 국기와 유사하다. UN의 깃발에서 영감을 얻은 국가 문장(紋章)에는 녹색 파도와 코코야자, 파란색 바탕에 흰 남십자성(Southern Cross)이 있는 방패가 중앙에 있고, 그 뒤로 빨간색의 지구 문양이 있다. 이를 평화를 상징하는 올리브 가지가 둘러싸고 있으며, 방패 상단에는 빨간색 테를 두른 파란색 십자가 있다. 문장 아래의 스크롤에는 사모아의 모토 '사모아는 하느님이 창조하였다'(FA'AVAE I LE ATUA SAMOA)가 쓰여 있다.

FACTS & FIGURES

위치	📍	오세아니아
		서경 172도 20분, 남위 13도 35분
국토면적(㎢)	🌐	2,831 (서울시의 4.7배)
인구(명)	👫	203,774
수도	⭐	아피아(Apia)
민족구성(인종)	🥧	사모아(96%)
언어	🗚	사모아어
종교	✝	기독교(71.8%), 로마 가톨릭(18.8%)
정치체제	🏛	의원내각제
독립	🏆	1962. 01. 01 (신탁통치-뉴질랜드)
외교관계(한국)	🏳	1972. 09. 15
통화	💲	탈라(Tālā)
타임존	🕐	UTC+13
운전방향	◈	왼쪽
국제전화	📞	+685
인터넷	📶	.ws
전압	🔌	230V, 50Hz
소켓타입	😊	I
제1도시	📗	아피아(Apia)
제2도시	🔖	베이텔르(Vaitele)
대표음식	🍴	팔루사미(Palusami)

사우디아라비아

Saudi Arabia
Kingdom of Saudi Arabia

이슬람을 상징하는 녹색 바탕에 이슬람의 신앙고백문인 샤하다(Shahada, 알라 외에 다른 신은 없습니다. 무함마드는 그분의 사도입니다)가 흰색 술루스(Thuluth) 글자체로 쓰여있다. 승리를 상징하는 칼은 적으로부터 이슬람과 알라를 보호한다는 의미를 담고 있다. 오른쪽에서 왼쪽으로 쓰인 샤하다를 올바로 읽고, 칼끝이 항상 왼쪽을 향하게 하기 위해서, 국기의 앞뒤가 다르게 제작되어 있다. 앞뒤가 다른 국기를 사용하는 나라는 몰도바와 파라과이가 있다. 국가 문장(紋章)에는 교차하여 놓인 두 개의 칼 사이로 녹색의 야자나무가 있다. 야자나무는 번영과 성장을 나타내고, 두 개의 칼은 정의(Jusice)와 1926년 이븐 사우드(Ibn Saud)왕에 의해 합쳐진 헤자즈(Hejaz)와 네지드(Najd) 두 지역을 의미한다.

FACTS & FIGURES

위치	⊙	중동
		동경 45도, 북위 25도
국토면적(㎢)	🌐	2,149,690(한반도의 9.8배)
인구(명)	👫	34,173,498
수도	⊚	리야드(Riyadh)
민족구성(인종)	◖	아랍(90%)
언어	🗛	아랍어
종교	†	이슬람교(국교)
정치체제	🏛	절대군주제
독립	⚑	1932. 09. 23(왕국 통일)
외교관계(한국)	⚐	1962. 10. 16
통화	$	사우디아라비아 리얄(Riyal)
타임존	⊕	UTC+3
운전방향	◈	오른쪽
국제전화	📞	+966
인터넷	📶	.sa
전압	💡	220V/230V, 50Hz
소켓타입	☺	G
제1도시	📗	리야드(Riyadh)
제2도시	🔖	제다(Jeddah)
대표음식	🍴	캅사(Kabsa), 살리그(Saleeg), 메즈(Mezze)

사이프러스

Cyprus
Republic of Cyprus

흰색 바탕의 중앙에는 구리색(Copper) 사이프러스 섬과 녹색의 올리브 가지가 있다(사이프러스는 라틴어로 '구리, Cuprum'라는 뜻으로, 고대부터 구리광산으로 유명하였다). 올리브 가지는 그리스계 국민과 터키계 국민 사이의 평화와 화해를 상징한다. 국가 문장(紋章)의 구리색 방패에도 흰색 올리브 가지를 물고 있는 비둘기와 사이프러스가 독립한 해인 '1960'이 쓰여 있다. 방패 좌우에는 녹색 올리브 가지가 교차해 있다. 구리색 방패는 구리 광산을, 비둘기와 올리브는 평화를 상징한다.

FACTS & FIGURES

위치	◉	중동
		동경 33도, 북위 35도
국토면적(㎢)	🌐	9,251(한반도의 1/25)
인구(명)	👫	1,266,676
수도	★	니코시아(Nicosia)
민족구성(인종)	◖	그리스(98.8%)
언어	🗚	그리스어, 터키어
종교	†	그리스 정교(89.1%)
정치체제	🏛	대통령중심제
독립	⚑	1960. 08. 16(영국)
외교관계(한국)	⚑	1995. 12. 28
통화	$	유로(Euro)
타임존	◷	UTC+2
운전방향	◈	왼쪽
국제전화	📞	+357
인터넷	📶	.cy
전압	💡	240V, 50Hz
소켓타입	☺	G
제1도시	🔖	니코시아(Nicosia)
제2도시	🔖	리마솔(Limasso)
대표음식	🍴	수블라(Souvla)

산마리노

San Marino
Republic of San Marino

흰색과 하늘색의 수평 띠로 구성되어 있으며, 중앙에는 산마리노의 국가 문장(紋章)이 있다. 문장 중앙에 있는 방패에는, 파란 하늘을 배경으로 언덕 위에 3개의 성탑이 있다. 산마리노에서 가장 높은 산인 티타노산(Mount Titano)에 세워져 도시를 방어하던 세 개의 성, 과이터(Guaita), 세스타(Cesta), 몬탈레(Montale) 성을 나타낸다. 월계수와 떡갈나무 잎이 방패를 둘러싸고 있고, 방패 위에는 왕관이, 아래에 있는 스크롤에는 'LIBERTAS'(자유)가 라틴어로 쓰여있다. 4세기부터 산마리노는 망명자에게 자유를 주어 정치적 망명지로 널리 알려져 있었다. 국기의 흰색과 하늘색은 각각 평화와 자유를 상징한다.

FACTS & FIGURES

위치	📍 남부 유럽 동경 12도 25분, 북위 43도 46분
국토면적(㎢)	🌐 61(서울시의 1/9)
인구(명)	👫 34,232
수도	⭐ 산마리노(San Marino)
민족구성(인종)	🥧 산마리노, 이탈리아
언어	🔤 이탈리아어
종교	✝ 로마 가톨릭(97%)
정치체제	🏛 의원내각제
독립	🏆 301. 09. 03(건국)
외교관계(한국)	🚩 2000. 09. 25
통화	💲 유로(Euro)
타임존	🕐 UTC+1
운전방향	◇ 오른쪽
국제전화	📞 +378
인터넷	📶 .sm
전압	🔌 230V, 50Hz
소켓타입	⊙ C/F/L
제1도시	🔖 세라발레(Serravalle)
제2도시	📑 보르고 마조레(Borgo Maggiore)
대표음식	🍴 토르타 트레 몬티(Torta Tre Monti)

상투메프린시페

Sao Tome and Principe
Democratic Republic of, Sao Tome
and Principe

에티오피아(Ethiopia) 국기의 범(汎)아프리카 색을 사용하여, 녹색, 노란색, 녹색의 수평 띠로 이루어져 있으며, 왼쪽에는 빨간 이등변 삼각형이 있고, 노란색 띠에는 검은 별 두 개가 나란히 있다. 녹색은 풍요로운 초목을 의미하며, 빨간색은 독립을 위한 투쟁과 평등을, 노란색은 적도의 태양과 주요 농산물인 코코아를 나타낸다. 두 개의 별은 나라를 구성하는 상투메와 프린시페 두 섬을 상징한다. 국가 문장(紋章) 중앙의 노란색 방패 안에는 뿌리가 보이는 야자나무가 그려져 있다. 방패 위에는 파란색 별과 '상투메프린시페 민주공화국'이 쓰인 스크롤이 있고, 왼쪽에는 매(Falcon)가, 오른쪽에는 앵무새가 있다. 하단에는 국가의 모토인 '단결, 훈련, 노동'(Unidade, Disciplina, Trabalho)이 포르투갈어로 쓰여 있다.

FACTS & FIGURES

위치	⊙ 중앙 아프리카 동경 7도, 북위 1도
국토면적(㎢)	⑤ 964(서울시의 1.6배)
인구(명)	⑅ 211,122
수도	⊛ 상투메(São Tomé)
민족구성(인종)	◑ 메스치수, 앙골라, 포후
언어	⊠A 포르투갈어
종교	† 로마 가톨릭(55.7%), 없음(21.2%)
정치체제	🏛 이원집정부제
독립	♀ 1975. 07. 12(포르투갈)
외교관계(한국)	⚑ 1988. 08. 20
통화	$ 도브라(Dobra)
타임존	⊕ UTC+0
운전방향	◈ 오른쪽
국제전화	☎ +239
인터넷	🛜 .st
전압	☸ 220V, 50Hz
소켓타입	⊙ C/F
제1도시	▐ 상투메(São Tomé)
제2도시	▯ 트린다드(Trindad)
대표음식	⑈ 생선구이(Barriga de Peixe), 아로즈 도스(Arroz Doce)

세네갈

Senegal
Republic of Senegal

녹색, 노란색, 빨간색의 수직 띠로 구성되어 있으며, 노란색 중앙에는 녹색 5각 별이 있다. 녹색은 이슬람, 희망, 풍요를 상징하고, 노란색은 국가의 부(富)를, 빨간색은 희생과 발전을 위한 결단을, 별은 단결과 희망을 상징한다. 아프리카에서 가장 오래된 독립국인 에티오피아 국기의 범(汎)아프리카 색을 사용하였다. 말리연방(Mali Federation)에서 분리된 후, 1960년에 제정되었다. 국가 문장(紋章) 중앙의 방패에는 사자(힘)와 바오밥(Baobab) 나무와 세네갈강(Senegal River)이 있다. 이를 야자나무 잎이 감싸고 있으며, 스크롤에는 하나의 국민, 하나의 목표, 하나의 신념(Un Peuple, Un But, Une Foi)이 쓰여 있다. 방패 위에는 녹색 별이, 아래에는 훈장(Star of the Ordre National du Lion)이 장식되어 있다.

FACTS & FIGURES

위치	⚲	서부 아프리카 서경 14도, 북위 14도
국토면적(㎢)	🌐	196,722(한반도의 8/9)
인구(명)	👫	15,736,368
수도	⊛	다카르(Dakar)
민족구성(인종)	◔	월로프(37.1%), 풀라르(26.2%), 세레르(17%)
언어	🈂	불어, 월로프어
종교	†	이슬람교(95.9%)
정치체제	🏛	대통령중심제
독립	⚱	1960. 04. 04(프랑스)
외교관계(한국)	⚑	1962. 10. 19
통화	💲	세파 프랑(CFA Franc)
타임존	⌚	UTC+0
운전방향	◈	오른쪽
국제전화	📞	+221
인터넷	📶	.sn
전압	💡	230V, 50Hz
소켓타입	☺	C/D/E/K
제1도시	▮	다카르(Dakar)
제2도시	⚐	투바(Touba)
대표음식	🍴	쩨부전(Thieboudienne), 풀레 야사(Poulet Yassa)

세르비아

Serbia
Republic of Serbia

범(汎)슬라브 색인 빨간색, 파란색, 흰색의 수평 띠로 이루어져 있으며, 자유와 혁명의 이상을 나타내는 19세기 러시아 국기에서 영감을 받았다. 중앙에서 약간 왼쪽에는 세르비아의 국가 문장(紋章)이 있다. 문장 속 빨간 방패 안에는 흰 쌍두독수리가 있으며, 그 위에는 왕관이 있다. 독수리 가슴에 있는 작은 방패에는 빨간 바탕에 흰색 '세르비아 십자가'와 'C'자 모양의 심볼이 있다. 네 개의 'C'자 모양의 심볼은 키릴로로 '단결만이 세르비아 인을 구한다'라는 네 문구의 첫 자로 구성된 것이다. 독수리 발톱 아래에는 백합 문양(Fleur-de-lis)이 있다. 쌍두독수리와 세르비아 십자가는 세르비아 인의 정체성을 나타낸다.

FACTS & FIGURES

위치	⊙	동남 유럽 동경 21도, 북위 44도
국토면적(㎢)	⑤	77,474(한반도의 1/3)
인구(명)	ⅰⅰ	7,012,165
수도	⊛	베오그라드(Beograd)
민족구성(인종)	◖	세르비아(83.3%), 헝가리(3.5%)
언어	🗛	세르비아어
종교	†	동방정교(84.6%)
정치체제	🏛	의원내각제
독립	♔	2006. 06. 05(세르비아-몬테네그로 해체)
외교관계(한국)	⚐	1989. 12. 27
통화	$	세르비아 디나르(Serbian Dinar)
타임존	⊙	UTC+1
운전방향	◈	오른쪽
국제전화	☎	+381
인터넷	🛜	.rs
전압	💡	230V, 50Hz
소켓타입	☺	C/F
제1도시	📕	베오그라드(Beograd)
제2도시	🔖	노비사드(Novi Sad)
대표음식	🍴	케바프체(Cevapcici), 기바니차(Gibanica) 플레스카비차(Pljeskavica)

세이셸

Seychelles
Republic of Seychelles

왼쪽 아래에서부터 파란색, 노란색, 빨간색, 흰색, 녹색의 다섯 개 사선 띠가 오른쪽으로 뻗어 가면서, 미래로 나아가는 역동적인 나라를 상징하고 있다. 파란색은 하늘과 바다를, 노란색은 빛과 태양을, 빨간색은 서로 사랑하면서 단합하여 일하는 국민과 그들의 열정을, 흰색은 사회 정의와 조화를, 녹색은 국토와 자연환경을 각각 상징한다. 국가 문장(紋章) 속 방패에는 코코드메르 야자수(Coco de Mer Palm)가 자라는 녹색 섬에 큰 거북이 있고, 바다에는 범선이 있다. 그 위로 투구가 있고 흰꼬리 열대새(White Tailed Tropicbird)가 날고 있다. 방패 양쪽에는 돛새치(Sail Fish)가 있으며, 하단에는 세이셸의 모토인 '일은 그 결과에 따라 영관(榮冠)을 얻는다'(Finis Coronat Opus)가 라틴어로 쓰여있다.

FACTS & FIGURES

위치	◎	동부 아프리카
		동경 55도 40분, 남위 4도 35분
국토면적(㎢)	⑤	455(서울시의 3/4)
인구(명)	ⅲ	95,981
수도	◉	빅토리아(Victoria)
민족구성(인종)	◕	크레올
언어	㊗A	크레올어, 불어, 영어
종교	✝	로마 가톨릭(76.2%), 기독교(10%)
정치체제	🏛	대통령중심제
독립	♕	1976. 06. 29(영국)
외교관계(한국)	⚑	1976. 06. 28
통화	$	세이셸 루피(Seychellois Rupee)
타임존	◷	UTC+4
운전방향	◈	왼쪽
국제전화	☎	+248
인터넷	📶	.sc
전압	💡	240V, 50Hz
소켓타입	☺	G
제1도시	▮	빅토리아(Victoria)
제2도시	▯	앙스에투알(Anse Etoile)
대표음식	♨	박쥐 스프(Fruit Bat Soup)
		샤크 처트니(Sharked Chutney)

세인트루시아

Saint Lucia

하늘색 배경 중앙에 흰색 테두리가 있는 검은색 이등변 삼각형과 금색 이등변 삼각형이 겹쳐있다. 하늘색은 하늘과 바다를 나타내고, 금색은 햇빛과 번영을 상징하며, 흰색과 검은색은 섬의 인종적 구성(흑인과 백인)을 나타낸다. 두 개의 삼각형은 세인트루시아에 있는 쌍둥이 화산 봉우리, 피톤즈(Gros Pitons와 Petit Pitons)를 상징한다. 국조(國鳥) 세인트루시아 앵무새가 잡고 있는 국가 문장(紋章) 속 파란 방패에는 대나무로 만든 십자 막대, 장미(Tudor Rose, 영국), 백합(Fleur-de-Lis, 프랑스) 문양이 있다. 방패 위에는 투구와 횃불을 잡은 손, 사탕수수 잎이 있으며, 하단의 스크롤에는 세인트루시아의 모토인 '국토, 국민, 빛'이 적혀 있다.

FACTS & FIGURES

위치	◎	중미 카리브
		서경 60도 58분, 북위 13도 53분
국토면적(㎢)	⑤	616(서울시 면적)
인구(명)	👫	166,487
수도	⊛	캐스트리스(Castries)
민족구성(인종)	◖	아프리카(85.3%), 혼혈(10.9%), 동인도(2.2%)
언어	🗚	영어
종교	†	로마 가톨릭(61.5%), 기독교(25.5%)
정치체제	🏛	의원내각제
독립	♀	1979. 02. 22(영국)
외교관계(한국)	⚑	1979. 02. 23
통화	$	동카리브 달러(East Caribbean Dollar)
타임존	◷	UTC-4
운전방향	◇	왼쪽
국제전화	📞	+1-758
인터넷	📶	.lc
전압	💡	240V, 50Hz
소켓타입	⊙	G
제1도시	■	캐스트리스(Castries)
제2도시	▯	벡슨(Bexon)
대표음식	🍴	코코아차(Cocoa Tea), 턴오버(Turnover Pastry)

세인트빈센트그레나딘

Saint Vincent and the Grenadines

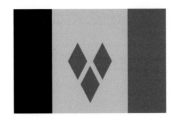

파란색, 노란색, 녹색의 수직 띠로 이루어져 있으며, 노란색 중앙에는 세 개의 녹색 다이아몬드가 V자 형태로 배열되어 있고, 이는 '빈센트 섬'을 의미한다. 다이아몬드는 '앤틸리스 제도(Antilles)의 보석'이라는 이 섬을 상징하며 중앙에서 약간 아래에 배치하여 이 섬의 위치가 앤틸리스 제도에서 약간 아래에 있다는 것을 알려준다. 파란색은 하늘과 바다를, 노란색은 그레나딘의 황금빛 모래를, 녹색은 섬의 무성한 식물을 나타낸다. 국가 문장(紋章)의 중앙에는 고대 로마의 드레스(Peplos)를 입은 두 여자가 있다. 한 명(평화)은 올리브 가지를 들고 있고, 다른(정의) 한 명은 무릎을 꿇고 '우애의 재단'에 재물을 바치고 있다. 문장 위에는 목화가 있고, 아래에는 이 나라의 모토인 '평화와 정의'(Pax et Justitia)가 쓰여 있다.

FACTS & FIGURES

위치	📍	중미 카리브
		서경 61도 12분, 북위 13도 15분
국토면적(㎢)	🌐	389(서울시의 2/3)
인구(명)	👥	101,390
수도	⭐	킹스타운(Kingstown)
민족구성(인종)	🥧	아프리카(71.2%), 혼혈(23%), 원주민(3%)
언어	🗛	영어, 크레올어
종교	✝	기독교(75%), 로마 가톨릭(6.3%)
정치체제	🏛	의원내각제
독립	⚑	1979. 10. 27(영국)
외교관계(한국)	⚑	1979. 10. 28
통화	💲	동카리브 달러(East Caribbean Dollar)
타임존	🕐	UTC-4
운전방향	◇	왼쪽
국제전화	📞	+1-784
인터넷	📶	.vc
전압	💡	230V, 50Hz
소켓타입	☺	A/C/E/G/I/K
제1도시	📕	킹스타운(Kingstown)
제2도시	🔖	칼리아콰(Calliaqua)
대표음식	🍴	후라이드 잭피쉬(Fried Jackfish)
		구운 빵나무 열매(Roasted Breadfruit)

세인트키츠네비스

Saint Kitts and Nevis
Federation of Saint Kitts and Nevis

노란 테두리가 있는 검은색 띠가 왼쪽 아래에서부터 대각선으로 뻗어 있고, 그 중앙에는 두 개의 흰색 별이 있다. 녹색 삼각형은 풍요를, 빨간 삼각형은 노예제에서 벗어나고자 했던 국민의 투쟁을 상징한다. 검은색은 아프리카의 문화유산을, 노란색은 풍부한 햇빛을, 흰 별은 세인트 키츠(St. Kitts)와 네비스(Nevis) 섬, 희망과 자유를 각각 상징한다. 국가 문장(紋章) 속 방패에는 금색 백합(프랑스), 카리브인의 머리, 장미(영국), 두 송이의 빨간 포인시아나(Poinciana) 꽃, 셰브론 무늬(V자 문양)와 범선이 있다. 방패 위에는 투구, 성곽, 횃불을 든 흑인과 백인의 손이 있고, 좌우에는 사탕수수와 코코야자 나무를 든 국조(國鳥) 펠리컨이 있다. 문장 아래의 스크롤에는 국가의 모토 '국가를 먼저'가 쓰여 있다.

위치	◎	중미 카리브
		서경 62도 45분, 북위 17도 20분
국토면적(㎢)	⑤	261(서울시의 3/7)
인구(명)	👫	53,821
수도	⊛	바스테르(Basseterre)
민족구성(인종)	◕	아프리카(92.5%)
언어	🗛	영어
종교	†	기독교(74.4%), 로마 가톨릭(6.7%)
정치체제	🏛	의원내각제
독립	♀	1983. 09. 19(영국)
외교관계(한국)	⚐	1983. 09. 19
통화	$	동카리브 달러(East Caribbean Dollar)
타임존	◷	UTC-4
운전방향	◈	왼쪽
국제전화	📞	+1-869
인터넷	📶	.kn
전압	⚡	230V, 60Hz
소켓타입	☺	A/B/D/G
제1도시	📕	바스테르(Basseterre, St. Kitts)
제2도시	🔖	피그 트리(Fig Tree, Nevis)
대표음식	🍴	염소 스튜(Goat Water Stew)

소말리아

Somalia
Federal Republic of Somalia

파란색 바탕에 흰색 5각 별(Star of Unity) 하나가 중앙에 있다. 파란색은 하늘과 소말리아를 둘러싼 인도양(Indian Ocean)을 상징하며, 5각 별은 소말리아인들이 대대로 살던 '아프리카의 뿔' 지역을 나타낸다. 이 지역은 코뿔소의 뿔을 닮아 '아프리카의 뿔'(Horn of Africa)이라는 이름을 얻었으며, 소말리아를 포함하여 지부티(Djibouti), 소말릴란드(Somaliland), 오가덴(Ogaden, 에티오피아), 케냐 동북부의 다섯(5) 지역을 아우르고 있다. 국가 문장(紋章)의 중앙에 있는 소말리아 국기가 형상화된 방패 위에는 왕관이 놓여 있고, 좌우에는 두 마리 표범(Leopards)이 있다. 방패 아래에는 두 개의 창과 야자나무 가지가 있다.

FACTS & FIGURES

위치	◎	동부 아프리카
		동경 49도, 북위 10도
국토면적(㎢)	⑤	637,657(한반도의 2.9배)
인구(명)	⋔	11,757,124
수도	⊛	모가디슈(Mogadishu)
민족구성(인종)	◔	소말리(85%), 반투 등
언어	㊐	소말리아어, 아랍어, 이탈리아어
종교	✝	이슬람교(수니)
정치체제	⛫	대통령중심제
독립	♀	1960. 07. 01(영국, 이탈리아)
외교관계(한국)	⚑	1987. 09. 25
통화	⑀	소말리아 실링(Somali Schilling)
타임존	◷	UTC+3
운전방향	◈	오른쪽
국제전화	☎	+252
인터넷	⌾	.so
전압	⚡	220V, 50Hz
소켓타입	☺	C
제1도시	▌	모가디슈(Mogadishu)
제2도시	◻	하르게이사(Hargeysa)
대표음식	¶	칸지로(Canjeero), 라호흐(Lahoh)

솔로몬제도

Solomon Islands

왼쪽 아래에서부터 오른쪽 상단까지 노란 사선이 뻗어 있다. 왼쪽 위 파란색 삼각형에는 흰색 5각 별 다섯 개가 X 패턴으로 배열되어 있고, 오른쪽 아래에는 녹색 삼각형이 있다. 파란색은 바다를, 녹색은 육지를, 노란색은 햇빛을 상징한다. 별은 솔로몬 제도를 구성하는 다섯 개의 주요 섬을 나타낸다. 국가 문장(紋章)의 중앙에 있는 방패에는 파란색 바탕에 독수리와 두 마리의 군함새가 있으며, 녹색 십자가 있는 노란 바탕에는 방패, 교차한 창, 활과 화살, 거북이 있다. 방패 좌우에는 악어와 상어가, 위쪽에는 투구, 전통 카누와 태양이 있다. 방패 아래의 스크롤에는 솔로몬 제도의 모토인 '이끄는 것이 봉사하는 것이다'(To Lead is To Serve)가 쓰여 있다.

FACTS & FIGURES

위치	📍	오세아니아
		동경 159도, 남위 8도
국토면적(㎢)	🌐	28,896(한반도의 1/8)
인구(명)	👫	685,097
수도	🛡	호니아라(Honiara)
민족구성(인종)	🥧	멜라네시아(95.3%), 폴리네시아(3.1%)
언어	🗛	멜라네시아 피진어, 영어
종교	✝	기독교(73.4%), 로마 가톨릭(19.6%)
정치체제	🏛	의원내각제
독립	🏆	1978. 07. 07(영국)
외교관계(한국)	🏳	1978. 09. 15
통화	💲	솔로몬제도 달러(Solomon Islands Dollar)
타임존	🕐	UTC+11
운전방향	◈	왼쪽
국제전화	📞	+677
인터넷	📶	.sb
전압	💡	220V, 50Hz
소켓타입	🙂	G/I
제1도시	🔖	호니아라(Honiara)
제2도시	🏷	탄다이(Tandai)
대표음식	🍴	포이(Poi)

수단

Sudan
Republic of the Sudan

범(汎)아랍 컬러인 빨간색, 흰색, 검은색의 수평 띠로 이루어져 있으며, 왼쪽에는 녹색 이등변 삼각형이 있다. 1916년 오스만 제국으로부터 독립투쟁을 한 '아랍 혁명'(The Arab Revolt)기에서 유래하였다. 빨간색은 자유를 위한 투쟁과 희생을 의미하고, 흰색은 평화, 빛, 사랑을 나타내며, 검은색은 수단 사람(아랍어로 Sudan은 검은색을 의미한다)을, 녹색은 이슬람과 농업, 번영을 상징한다.

FACTS & FIGURES

위치	⊙	동부 아프리카
		동경 30도, 북위 15도
국토면적(㎢)	🌐	1,861,484(한반도의 8.5배)
인구(명)	👥	45,561,556
수도	⊛	카르툼(Khartoum)
민족구성(인종)	◔	아랍(70%), 푸르, 베자
언어	🗛	아랍어, 영어
종교	✝	이슬람교(수니)
정치체제	🏛	대통령중심제
독립	⚱	1956. 01. 01(영국-이집트)
외교관계(한국)	⚑	1977. 04. 13
통화	$	수단 파운드(Sudanese Pound)
타임존	⊙	UTC+2
운전방향	◈	오른쪽
국제전화	📞	+249
인터넷	📶	.sd
전압	💡	230V, 50Hz
소켓타입	☺	C/D
제1도시	🔖	카르툼(Khartoum)
제2도시	🔖	옴두르만(Omdurman)
대표음식	🍴	풀 메다메스(Ful Medames)

수리남

Suriname
Republic of Suriname

녹색, 흰색, 빨간색, 흰색, 녹색의 수평 띠(높이 2:1:4:1:2 비율)로 구성되어 있으며, 노란 5각 별 하나가 중앙에 있다. 빨간색은 진보와 사랑을 상징하며, 녹색은 희망과 풍요를, 흰색은 평화, 정의, 자유를 나타내며, 노란 별은 모든 민족 간의 단결을 통해 밝은 미래로 나아가는 것을 의미한다. 국가 문장(紋章)의 방패에는 바다를 향해하는 무역선(상업)과 노란별이 있는 녹색 다이아몬드(광물), 야자나무(Royal Palm, 농업)가 있고, 그 좌우에는 원주민이 방패에 기대고 있다. 빨간 스크롤에는 '정의, 경애, 충실'(Justitia, Pietas, Fides)이 라틴어로 쓰여 있다.

FACTS & FIGURES

위치	⊙ 남아메리카 서경 56도, 북위 4도
국토면적(㎢)	🌐 163,820(한반도의 3/4)
인구(명)	👥 609,569
수도	⊛ 파라마리보(Paramaribo)
민족구성(인종)	◔ 동인도(27.4%), 마룬(21.7%), 크레올(15.7%) 등
언어	㊀ 네덜란드어
종교	† 기독교(23.6%), 힌두교(22.3%), 로마 가톨릭(21.6%)
정치체제	🏛 대통령중심제
독립	♀ 1975. 11. 25(네덜란드)
외교관계(한국)	🏳 1975. 11. 28
통화	💲 수리남 달러(Surinamese Dollar)
타임존	⊙ UTC-3
운전방향	◈ 왼쪽
국제전화	📞 +597
인터넷	🛜 .sr
전압	💡 127V, 50Hz
소켓타입	☺ C/F
제1도시	📑 파라마리보(Paramaribo)
제2도시	🔖 코에와라산(Koewarasan)
대표음식	🍴 폼(Pom), 로티앤커리(Roti and Curry)

스리랑카

Sri Lanka
Democratic Socialist Republic of Sri Lanka

녹색과 오렌지색의 세로띠가 왼쪽에 있다. 오른쪽의 갈색 사각형 안에는 칼 든 사자가 있고, 네 귀퉁이에는 보리수(Bo) 잎이 있다. 노란 경계선은 세로 띠와 갈색 사각형을 두르고 있다. 갈색은 스리랑카의 다수를 차지하는 불교도 싱할라족을, 오렌지색은 힌두교도인 타밀(Tamil)족을, 녹색은 이슬람교도인 무어족을 나타낸다. 싱할라 민족을 상징하는 사자는 국가의 힘과 용기를 나타내며, 칼은 주권을, 4개의 보리수 잎은 곳곳에 미치는 불교의 영향력과 불교의 4가지 실천덕목-자애(慈), 연민(悲), 기쁨(喜), 평정(捨)-을 상징한다. 국가 문장(紋章) 중앙에는 사자가 있고 그 주위를, 연꽃잎(순수), 벼 이삭(번영)이 둘러싸고 있으며, 상단에는 법륜(불교)이, 아래에는 항아리가, 그 좌우로는 달과 태양이 있다.

FACTS & FIGURES

위치	⊙ 남부 아시아 동경 81도, 북위 7도
국토면적(㎢)	⊕ 65,610(한반도의 2/7)
인구(명)	⋔ 22,889,201
수도	⊚ 콜롬보(Colombo, 실질적 수도) 스리 자야와르데네푸라 코테(Sri Jayewardenepura Kotte, 행정수도)
민족구성(인종)	◖ 싱할라(74.9%), 타밀(11.2%), 무어(9.2%)
언어	文A 싱할라어, 타밀어, 영어
종교	† 불교(70.2%, 국교), 힌두교(12.6%), 이슬람교(9.7%)
정치체제	🏛 대통령중심제
독립	⚱ 1948. 02. 04(영국)
외교관계(한국)	⚐ 1977. 11. 14
통화	$ 스리랑카 루피(Sri Lankan Rupee)
타임존	⊙ UTC+5:30
운전방향	◇ 왼쪽
국제전화	☎ +94
인터넷	🛜 .lk
전압	💡 230V, 50Hz
소켓타입	⊙ D/G/M
제1도시	🔖 콜롬보(Colombo)
제2도시	⧉ 카두웰라(Kaduwela)
대표음식	🍴 코투(Kottu), 키리바트(Kiribath), 라이스앤커리(Rice and Curry)

스웨덴

Sweden
Kingdom of Sweden

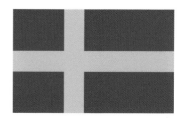

파란색 바탕에 노란 십자가 그려져 있다. 1157년 스웨덴 국왕 에리크 9세(King Eric IX)가 핀란드 원정의 성공을 위해 하늘에 기도를 드리자, 갑자기 파란 하늘에서 노란빛의 십자가가 나타났다는 전설에서 유래하였다. 십자가는 기독교를 의미하며, 파란색은 스웨덴의 국가 문장(紋章)에서 차용하였다. 국가 문장 중앙의 방패에는 노란 십자를 중심으로 주요 왕가의 문장이 있다. 파란 바탕에 세 개의 왕관과 왕관 쓴 사자(House of Bjelbo)가 있고, 그 안의 작은 방패에는 밀 다발(House of Vasa), 북두칠성(Big Dipper)과 독수리, 다리(House of Bernadotte)가 있다. 방패 위에는 왕관이 있으며, 아래에는 스웨덴의 최고 훈장인 세라핌 훈장(The Order of the Seraphim)이 장식되어 있다.

FACTS & FIGURES

위치	⊙	북유럽
		동경 15도, 북위 62도
국토면적(㎢)	⊛	450,295(한반도의 2배)
인구(명)	♟	10,202,491
수도	⊛	스톡홀름(Stockholm)
민족구성(인종)	◗	스웨덴(80.9%), 시리아(1.8%)
언어	🗛	스웨덴어
종교	†	루터교(60.2%)
정치체제	🏛	의원내각제
독립	⚑	1523. 06. 06(덴마크, 칼마르 동맹 해체)
외교관계(한국)	⚐	1959. 03. 11
통화	$	스웨덴 크로나(Swedish Kronor)
타임존	⊙	UTC+1
운전방향	◈	오른쪽
국제전화	📞	+46
인터넷	🛜	.se
전압	⏻	230V, 50Hz
소켓타입	☺	C/F
제1도시	▮	스톡홀름(Stockholm)
제2도시	▯	예테보리(Göteborg)
대표음식	🍴	숏불라르(Köttbullar), 오스트카카(Ostkaka)
		크레프트스키바(Kräftskiva)

스위스

Switzerland
Swiss Confederation

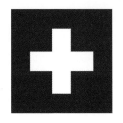

빨간 사각형 안에 흰 십자가가 중앙에 있으며, 흰 십자가는 '스위스 크로스'(Swiss Cross)로 불린다. 국기의 비율은 6(가로):7(세로)이다. 1315년 합스부르크(Habsburg)가에 대항하여 모르가르텐(Morgarten) 전투에서 이긴 슈비츠(Schwyz)주가 도시 동맹을 대표하게 되면서, 그 이름에서 스위스 국가명이 유래하였다. 이후 라우펜 전투(Battle of Laupen, 1339)에서 스위스인들은 합스부르크(Habsburg)가의 적군과 구분하기 위해 슈비츠(Schwyz) 깃발에 있던 흰 십자가를 옷에 그려 서로를 구분했으며, 이때부터 국제적으로 스위스 국기로 인식되기 시작했다. 국가 문장(紋章)은 스위스 국기를 바탕으로, 흰 십자가가 있는 방패 모양이다.

FACTS & FIGURES

위치	중부 유럽 동경 8도, 북위 47도
국토면적(㎢)	41,277(한반도의 1/5)
인구(명)	8,403,994
수도	베른(Bern)
민족구성(인종)	스위스(69.5%), 독일(4.2%)
언어	독일어(62.6%), 불어(22.9%), 이탈리아어, 로만슈어
종교	로마 가톨릭(35.9%), 기독교(29.7%), 이슬람교(5.4%)
정치체제	회의체 정부(연방각료 7인이 윤번제로 대통령을 맡음)
독립	1291. 08. 01(스위스 연방 건국)
외교관계(한국)	1963. 02. 11
통화	스위스 프랑(Swiss Franc)
타임존	UTC+1
운전방향	오른쪽
국제전화	+41
인터넷	.ch
전압	230V, 50Hz
소켓타입	C/J
제1도시	취리히(Zürich)
제2도시	제네바(Genève)
대표음식	세르블라(Cervelat), 라클렛(Raclette) 퐁듀(Fondue), 뢰슈티(Rösti)

스페인

Spain
Kingdom of Spain

빨간색, 노란색, 빨간색의 수평 띠로 이루어져 있으며, 왼쪽에는 국가 문장(紋章)이 있다. 문장의 방패는 4부분으로 나누어져 통일 전의 왕국을 각각 나타낸다. (왼쪽 위로부터 시계방향으로) 카스티야(Castile), 레온(Leon), 나바르(Navarre), 아라곤(Argon) 왕국의 문장이 있으며, 그라나다(Granada)는 방패 아래의 석류꽃으로 나타나 있다. 방패 위에는 왕관이, 좌우에는 지브롤터 해협과 북아프리카의 세우타(Ceuta, 아프리카 북부에 있는 스페인 자치령)를 상징하는 헤라클레스의 기둥(Pillars of Hercules)이 있다. 기둥의 스크롤에는 라틴어 'Plus Ultra'(Further Beyond, 유럽을 넘어 저 멀리까지)가 적혀있다. 스페인 국기를 '라 로히구알다'(La Rojigualda)라고 한다.

FACTS & FIGURES

위치	📍	서유럽
		서경 4도, 북위 40도
국토면적(㎢)	🌐	505,370(한반도의 2.3배)
인구(명)	👫	50,015,792
수도	⊛	마드리드(Madrid)
민족구성(인종)	◕	스페인(86.4%), 모로코(1.8%)
언어	🗚	스페인어(카스티야 74%, 카탈루냐, 바스크, 갈리시아, 아란 등)
종교	✝	로마 가톨릭(68.9%), 없음(19.5%)
정치체제	🏛	의원내각제
독립	⚱	1479. 01. 20(건국)
외교관계(한국)	⚑	1950. 03. 17
통화	$	유로(Euro)
타임존	🕐	UTC+0 ~ +1
운전방향	◈	오른쪽
국제전화	📞	+34
인터넷	📶	.es
전압	💡	230V, 50Hz
소켓타입	☺	C/F
제1도시	📑	마드리드(Madrid)
제2도시	🔖	바르셀로나(Barcelona)
대표음식	🍴	스페니쉬 오믈렛(Tortilla de patatas)
		파에야(Paella), 파 암 토마케트(Pa amb tomàquet)

슬로바키아

Slovakia
Slovak Republic

범(汎)슬라브 색인 흰색, 파란색, 빨간색의 수평 띠로 구성되어 있으며, 슬로바키아의 국가 문장(紋章)이 중앙에서 약간 왼쪽에 위치한다. 흰 경계선이 있는 고딕 양식의 빨간 방패 안에는 가로막대가 2개 있는 대주교 십자가(Double Cross 또는 Patriarchal Cross)가 파란 언덕 위에 있다. 십자가는 비잔틴 제국의 성 시릴(St. Cyril)과 성 메토디우스(St. Methodius)에 의해 슬로바키아에 전래된 기독교의 신념을 상징하며, 세 언덕은 헝가리와 슬로바키아에 걸쳐있는 타트라(Tatra), 파트라(Fatra), 마트라(Matra) 산을 나타낸다.

FACTS & FIGURES

위치	◎	중부 유럽
		동경 19도 30분, 북위 48도 40분
국토면적(㎢)	🌐	49,035(한반도의 2/9)
인구(명)	👥	5,440,602
수도	⊛	브라티슬라바(Bratislava)
민족구성(인종)	◓	슬로바키아(80.7%), 헝가리(8.5%)
언어	🗛	슬로바키아어
종교	†	로마 가톨릭(62%), 기독교(8.2%)
정치체제	🏛	의원내각제
독립	♀	1993. 01. 01(체코슬로바키아 분리)
외교관계(한국)	⚐	1993. 01. 01
통화	$	유로(Euro)
타임존	◷	UTC+1
운전방향	◈	오른쪽
국제전화	📞	+421
인터넷	📶	.sk
전압	💡	230V, 50Hz
소켓타입	☺	C/E
제1도시	🔖	브라티슬라바(Bratislava)
제2도시	🔖	코시체(Košice)
대표음식	🍴	브린조베 할루슈키(Bryndzové Halušky)

슬로베니아

Slovenia
Republic of Slovenia

크라인 공국(Duchy of Carniola, 1364-1918)의 깃발에서 유래한 흰색, 파란색, 빨간색의 수평 띠로 이루어져 있으며, 왼쪽 상단에는 방패 모양의 슬로베니아 국가 문장(紋章)이 있다. 방패 안에는 슬로베니아의 최고봉인 트리글라브(Triglav, 2,864m) 산이 있고, 산 아래에는 아드리아해(Adriatic Sea)와 강을 상징하는 두 줄의 파란 물결 모양이 있다. 산 위에는 노란 6각 별 세 개가 역삼각형 모양으로 배치되어 있으며, 이는 14~15세기 슬로베니아의 셀제 백작(Counts of Celje)의 문장에서 유래하였다. 흰색, 파란색, 빨간색은 범(汎)슬라브 색이기도 하다.

FACTS & FIGURES

위치	◎ 중부 유럽
	동경 14도 49분, 북위 46도 7분
국토면적(㎢)	⑤ 20,273(한반도의 1/11)
인구(명)	ⅰⅰ 2,102,678
수도	⊛ 류블랴나(Ljubljana)
민족구성(인종)	◖ 슬로베니아(83.1%), 세르비아(2%)
언어	㋇ 슬로베니아어
종교	✝ 로마 가톨릭(57.8%), 이슬람교(2.4%)
정치체제	⏛ 의원내각제
독립	⚇ 1991. 06. 25(구 유고슬라비아)
외교관계(한국)	⚐ 1992. 11. 18
통화	⑨ 유로(Euro)
타임존	⏰ UTC+1
운전방향	◈ 오른쪽
국제전화	☎ +386
인터넷	⎚ .si
전압	⚲ 230V, 50Hz
소켓타입	☺ C/F
제1도시	▌류블랴나(Ljubljana)
제2도시	⎘ 마리보르(Maribor)
대표음식	⑪ 포티카(Potica), 스푼 브레드(Ajdovi žganci)

시리아

Syria
Syrian Arab Republic

1916년 오스만 제국으로부터 독립투쟁을 한 '아랍 혁명'(The Arab Revolt)기에서 유래한, 빨간색, 흰색, 검은색의 수평 띠로 구성되어 있으며, 흰색 띠 중앙에는 녹색의 5각 별 두 개가 있다. 과거의 압제(검은색)로부터 투쟁(빨간색)을 통해 벗어나 밝은 미래(흰색)로 나아가자는 것을 상징한다. 이집트와 시리아가 통합하여 수립한 '아랍 연합 공화국'(United Arab Republic, 1958~61)의 깃발과 같으며, 별은 시리아와 이집트를 각각 상징한다. 이집트와 예멘의 국기와도 비슷하다. 국가 문장(紋章)에는 '쿠라이시족의 매'(Hawk of Quraish)로 부르는 황금 매의 가슴에 시리아 국기를 형상화한 방패가 있고, 그 아래의 녹색 스크롤에는 '시리아 아랍 공화국'이라고 쓰여 있다. 쿠라이시족은 예언자 무함마드의 부족이다.

FACTS & FIGURES

위치	◉ 중동
	동경 38도, 북위 35도
국토면적(㎢)	◔ 187,437(한반도의 6/7)
인구(명)	♁ 19,398,448
수도	◉ 다마스커스(Damascus)
민족구성(인종)	◕ 아랍(50%), 알라위(15%), 쿠르드(10%) 등
언어	㊩ 아랍어
종교	† 이슬람교(87%, 수니), 기독교(10%)
정치체제	🏛 대통령중심제
독립	⚱ 1946. 04. 17(신탁통치-프랑스)
외교관계(한국)	⚐ 미수교
통화	$ 시리아 파운드(Syrian Pound)
타임존	◷ UTC+2
운전방향	◈ 오른쪽
국제전화	☎ +963
인터넷	⌢ .sy
전압	⚡ 220V, 50Hz
소켓타입	☺ C/E/L
제1도시	▮ 알레포(Aleppo)
제2도시	⎘ 다마스커스(Damascus)
대표음식	⑂ 키베(Kibbeh), 파투시(Fattoush), 파타예르(Fatayer)

시에라리온

Sierra Leone
Republic of Sierra Leone

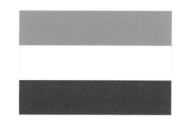

연두색, 흰색, 파란색의 수평 띠로 이루어졌다. 연두색은 농업, 산, 천연자원을 상징하고, 흰색은 단결과 정의를 나타내며, 파란색은 바다와 수도 프리타운(Freetown)의 자연항구와 세계 평화에 기여하겠다는 시에라리온의 희망을 상징한다. 국가 문장(紋章) 중앙의 방패에는 녹색의 산(Lion Mountains)과 바다를 상징하는 물결무늬를 배경으로 금색 사자가 걷고 있고, 산 위에는 횃불 세 개가 있다. 이 방패를 야자나무 앞에 서 있는 사자 두 마리가 들고 있고, 하단에 있는 스크롤에는 시에라리온의 모토인 '단결, 자유, 정의'가 쓰여 있다.

FACTS & FIGURES

위치	◎ 서부 아프리카
	서경 11도 30분, 북위 8도 30분
국토면적(㎢)	◉ 71,740(한반도의 1/3)
인구(명)	ⅲ 6,624,933
수도	◉ 프리타운(Freetown)
민족구성(인종)	◖ 템네(35.5%), 멘데(33.2%) 등
언어	㊂ 영어
종교	† 이슬람교(78.6%), 기독교(20.8%)
정치체제	🏛 대통령중심제
독립	♉ 1961. 04. 27(영국)
외교관계(한국)	⚑ 1962. 06. 25
통화	$ 리온(Leone)
타임존	◷ UTC+0
운전방향	◈ 오른쪽
국제전화	☏ +232
인터넷	⌘ .sl
전압	💡 230V, 50Hz
소켓타입	☺ D/G
제1도시	▮ 프리타운(Freetown)
제2도시	▯ 케네마(Kenema)
대표음식	▥ 카사바잎(Cassava Leaves)

싱가포르

Singapore
Republic of Singapore

빨간색과 흰색의 수평 띠로 이루어져 있으며, 빨간 띠 왼쪽에는 오른쪽으로 열린 흰 초승달이 있고 그 옆에 다섯 개의 흰색 5각 별이 원 모양으로 배열되어 있다. 초승달은 지역에서 지배력을 강화하는 젊은 나라를 상징하며, 다섯 개의 별은 민주주의, 평화, 진보, 정의, 평등의 국가적 이상을 상징한다. 국가 문장 (紋章) 중앙의 빨간색 방패 안에는 초승달과 5개의 별이 있고, 방패 왼쪽에는 사자(싱가포르)가, 오른쪽에는 호랑이(말레이시아와의 역사적 관계)가 있다. 방패 아래에는 벼 줄기가 펼쳐져 있고, 파란 스크롤에는 싱가포르의 모토인 '싱가포르여 전진하라'(Majulah Singapura)가 말레이어로 적혀있다.

FACTS & FIGURES

위치	⦿ 동남 아시아 동경 103도 48분, 북위 1도 22분
국토면적(㎢)	🜨 719(서울시의 1.2배)
인구(명)	👥 6,209,660
수도	⊛ 싱가포르(Singapore)
민족구성(인종)	◗ 중국(74.3%), 말레이(13.4%), 인도(9%)
언어	🗚 영어, 만다린어, 말레이어
종교	✝ 불교(33.2%), 기독교(18.8%), 이슬람교(14%)
정치체제	🏛 의원내각제
독립	⚱ 1965. 08. 09(말레이시아)
외교관계(한국)	⚑ 1975. 08. 08
통화	💲 싱가포르 달러(Singaporean Dollar)
타임존	⊙ UTC+8
운전방향	◈ 왼쪽
국제전화	📞 +65
인터넷	🛜 .sg
전압	💡 230V, 50Hz
소켓타입	☺ C/G/M
제1도시	▌ 싱가포르(Singapore)
제2도시	🏳 N/A
대표음식	🍴 칠리 크랩(Chilli Crab) 하이난 치킨 라이스(Hainanese Chicken Rice)

아랍에미리트

United Arab Emirates

아랍에미리트는 7개 토후국(土侯國, Emirate/Sheikdom, 영국의 보호 아래 세습제의 전제군주가 다스리는 나라)으로 구성된 연합 국가이다. 범(汎)아랍 색으로 이루어진 ㅋㅋㅋㅋㅋㅋㅋ 국기는 녹색, 흰색, 검은색의 세 수평 띠와 빨간 수직 띠로 이루어져 있다. 녹색은 풍요로운 국토와 희망을, 흰색은 평화와 순수함을, 검은색은 적을 무찌르려는 강한 의지를, 빨간색은 용기와 단합을 상징한다. 국가 문장(紋章)에는 황금색 매(Hawk of Quraish)가 날개를 펴고 있고, 가슴에는 UAE 국기와 연방의 7개 에미리트를 상징하는 7개의 별이 있다. 매가 발톱으로 잡고 있는 붉은 양피지에는 아랍어로 '아랍에미리트연방'이라고 적혀있다.

FACTS & FIGURES

위치	⊙	중동
		동경 54도, 북위 24도
국토면적(㎢)	⑤	83,600(한반도의 3/8)
인구(명)	ⅲ	9,992,083
수도	⊛	아부다비(Abu Dhabi)
민족구성(인종)	◗	아랍에미리트(11.6%), 남부 아시아(59.4%), 이집트(10.2%)
언어	㊂	아랍어
종교	†	이슬람교(76%, 국교), 기독교(9%)
정치체제	🏛	입헌군주제
독립	♔	1971. 12. 02(영국)
외교관계(한국)	⚐	1980. 06. 18
통화	⑀	아랍에미리트 디르함(UAE Dirham)
타임존	⊙	UTC+4
운전방향	◈	오른쪽
국제전화	☎	+971
인터넷	📶	.ae
전압	💡	230V, 50Hz
소켓타입	☺	D/G
제1도시	📑	두바이(Dubai)
제2도시	🔖	아부다비(Abu Dhabi)
대표음식	🍴	사막(Samak), 카미어 앤 체밥(khameer & Chebab)

아르메니아

Armenia
Republic of Armenia

빨간색, 파란색, 살구색의 수평 띠로 이루어져 있으며, 빨간색은 자유를 위해 흘린 피를, 파란색은 희망과 푸른 하늘을, 살구색은 땅과 그 땅을 경작하는 농부들의 노력을 나타낸다. 국가 문장(紋章)에는 고대 아르메니아 왕국을 상징하는 독수리와 사자가 있고 그 중앙에 방패가 있다. 방패에는 오른쪽 위부터 시계방향으로, 쌍두 독수리(Arsacid Dynasty), 십자가를 든 사자(Rubenid Dynasty), 서로 바라보는 두 마리 독수리(Artaxiad Dynasty), 십자가와 사자(Bagratuni Dynasty)가 있고, 중앙의 작은 오렌지색 방패에는 '노아의 방주'가 닻을 내렸다고 알려진 아라라트산(Mount Ararat)과 노아의 방주가 있다. 하단에는 밀 이삭(근면한 민족성), 깃털(문화), 칼(힘)이 있다.

FACTS & FIGURES

위치	📍 동부 유럽
	동경 45도, 북위 40도
국토면적(㎢)	🌐 29,743(한반도의 1/7)
인구(명)	👫 3,021,324
수도	⭐ 예레반(Yerevan)
민족구성(인종)	🥧 아르메니아(98%)
언어	🗣 아르메니아어
종교	✝ 아르메니아 정교(92.6%)
정치체제	🏛 의원내각제
독립	⚱ 1991. 09. 21(구 소련)
외교관계(한국)	🏁 1992. 02. 21
통화	💲 드람(Dram)
타임존	🕐 UTC+4
운전방향	◈ 오른쪽
국제전화	📞 +374
인터넷	📶 .am
전압	💡 230V, 50Hz
소켓타입	🙂 C/F
제1도시	🔖 예레반(Yerevan)
제2도시	🔖 귬리(Gyumri)
대표음식	🍴 카시(Khash), 하리사(Harissa)

아르헨티나

Argentina
Argentine Republic

하늘색, 흰색, 하늘색으로 이루어진 동일한 면적의 수평 띠 중앙에 '5월의 태양'이라 부르는 사람 얼굴 모양의 노란 태양이 빛나고 있다. 하늘색은 파란 하늘을, 흰색은 안데스산맥의 눈을 상징한다. 태양은 고대 잉카제국의 태양신 인티(Inti)를 나타내며, 특히 '5월의 태양, Sun of May'은 1810년 5월 25일 스페인 제국과의 독립전쟁 도중 흐린 하늘에서 갑자기 나타나 승리의 징조를 보여준 태양을 의미한다. 국가 문장(紋章)에는 국기를 나타내는 하늘색-흰색의 타원형 안에 악수하는 두 손(협력)과 막대 위에 올려진 빨간 프리기아 모자(Phrygia, 고대 로마에서 노예가 해방되어 자유의 신분이 되면 쓰는 모자)가 있다. 이를 승리와 영광을 상징하는 월계수 화관이 둘러싸고 있으며, 그 위로 '5월의 태양'이 빛나고 있다.

FACTS & FIGURES

위치	◎	남아메리카
		서경 64도, 남위 34도
국토면적(㎢)	◉	2,780,400(한반도의 12배)
인구(명)	👫	45,479,118
수도	⊛	부에노스아이레스(Buenos Aires)
민족구성(인종)	◔	유럽계 백인 및 메스티조(97%)
언어	🈂	스페인어
종교	†	로마 가톨릭(92%)
정치체제	🏛	대통령중심제
독립	♔	1816. 07. 09(스페인)
외교관계(한국)	⚑	1962. 02. 15
통화	$	아르헨티나 페소(Argentine Peso)
타임존	◷	UTC-3
운전방향	◈	오른쪽
국제전화	☏	+54
인터넷	🛜	.ar
전압	💡	220V, 50Hz
소켓타입	☺	C/I
제1도시	▌	부에노스아이레스(Buenos Aires)
제2도시	▯	코르도바(Córdoba)
대표음식	🍴	아사도(Asado), 엠파나다(Empanada)

아이슬란드

Iceland
Republic of Iceland

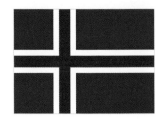

덴마크 국기인 단네브로그(Dannebrog)에서 유래하였으며, 파란색 바탕에 흰색 십자가 그려져 있고, 흰색 십자 안에는 빨간색 십자가 있다. 빨간색은 아이슬란드의 화산 불을, 흰색은 아이슬란드를 덮고 있는 눈과 얼음을, 파란색은 사방으로 둘러싸인 파란 바다를 상징한다. 국가 문장(紋章)안에 있는 황소(Griðungur)와 독수리(Griffin), 용(Dreki)과 거인(Bergrisi)은 각각 아이슬란드의 동서남북 사방을 지키는 수호신이다.

FACTS & FIGURES

위치	북유럽
	서경 18도, 북위 65도
국토면적(㎢)	103,000(한반도의 1/2)
인구(명)	350,734
수도	레이캬비크(Reykjavík)
민족구성(인종)	아이슬란드(81%)
언어	아이슬란드어
종교	루터교(67.2%, 국교)
정치체제	의원내각제
독립	1944. 06. 17(덴마크)
외교관계(한국)	1962. 10. 10
통화	아이슬란드 크로나(Icelandic króna)
타임존	UTC+0
운전방향	오른쪽
국제전화	+354
인터넷	.is
전압	230V, 50Hz
소켓타입	C/F
제1도시	레이캬비크(Reykjavík)
제2도시	코파보귀르(Kópavogur)
대표음식	쏘라마티르(Þorramatur), 하우카르들(Hákarl)

아이티

Haiti
Republic of Haiti

파란색과 빨간색으로 이루어진 수평 띠 중앙에 아이티의 국가 문장(紋章)이 들어 있는 흰 사각형이 있다. 문장에는, 녹색의 섬에 독립을 상징하는 야자나무를 중심으로 대포와 아이티 국기가 좌우로 도열하고 있고, 그 앞에는 북, 나팔, 도끼, 포탄, 닻이 있다. 야자나무 위에는 자유를 상징하는 프리기아 모자(Phrygian Cap)가 걸려 있고, 스크롤에는 '단결은 힘이다'라는 모토가 불어로 쓰여 있다. 파란색과 빨간색은 프랑스 기에서 차용하였으며, 흑인과 물라토(Mulatto, 백인과 흑인의 혼혈)의 단합을 상징한다.

FACTS & FIGURES

위치	◎	중미 카리브
		서경 72도 25분, 북위 19도
국토면적(㎢)	⑤	27,750(한반도의 1/8)
인구(명)	ⅲ	11,067,777
수도	⊛	포르토프랭스(Port-au-Prince)
민족구성(인종)	◔	흑인(95%)
언어	㊉	불어, 크레올어
종교	†	로마 가톨릭(54.7%), 기독교(28.5%)
정치체제	🏛	대통령중심제
독립	♔	1804. 01. 01(프랑스)
외교관계(한국)	⚐	1962. 09. 22
통화	$	구르드(Gourde)
타임존	◷	UTC-5
운전방향	◈	오른쪽
국제전화	☏	+509
인터넷	⌒	.ht
전압	♀	110V, 60Hz
소켓타입	☺	A/B
제1도시	▮	포르토프랭스(Port-au-Prince)
제2도시	▯	카레푸르(Carrefour)
대표음식	⑂	디리악 디존디존(Diri ak Djon djon)

아일랜드

Ireland

녹색, 흰색, 오렌지색의 수직 띠로 이루어져 있다. 19세기 중엽의 청년아일랜드운동(Young Ireland Movement)의 기수 토마스 프랜시스 미거(Thomas Francis Meagher, 1823-67)에 의해 처음으로 사용되었다. 녹색은 가톨릭교를, 오렌지색(소수의 신교도를 지원했던 네덜란드 오랑주 공국에서 유래)은 신교를, 중앙의 흰색은 가톨릭교도와 신교도 사이의 영원한 휴전과 평화와 단결을 상징한다. 하프(Harp)는 아일랜드의 상징으로, 천사가 되려면 하프를 켤 줄 알아야 한다는 아일랜드 속설에서 기원하였다. 국가 문장(紋章) 속에도 아일랜드의 수호성인 성 패트릭(Saint Patrick)을 상징하는 파란색 방패에 14개의 은색 현(String)이 있는 금색 하프가 있다.

FACTS & FIGURES

위치	📍	서유럽
		서경 8도, 북위 53도
국토면적(㎢)	🌐	70,273(한반도의 1/3)
인구(명)	👫	5,176,569
수도	🛡	더블린(Dublin)
민족구성(인종)	🥧	아일랜드(82.2%)
언어	🗛	영어
종교	✝	로마 가톨릭(78.3%)
정치체제	🏛	의원내각제
독립	♛	1921. 12. 06(영국)
외교관계(한국)	🏳	1983. 10. 04
통화	$	유로(Euro)
타임존	🕐	UTC+0
운전방향	◈	왼쪽
국제전화	📞	+353
인터넷	📶	.ie
전압	🔌	230V, 50Hz
소켓타입	🙂	G
제1도시	📑	더블린(Dublin)
제2도시	🔖	코크(Cork)
대표음식	🍴	아이리시 스튜(Irish Stew), 콜캐논(Colcannon)
		브렉퍼스트 롤(Breakfast Roll)

아제르바이잔

Azerbaijan
Republic of Azerbaijan

하늘색, 빨간색, 녹색의 수평 띠로 이루어져 있으며, 빨간 띠 중앙에는 흰 초승달과 8각 별이 하나 있다. 하늘색은 튀르크(Turkic) 민족의 유산을 나타내고, 빨간색은 민주주의 국가 건설과 현대화를 이루기 위한 전진을, 녹색은 이슬람을 상징한다. 별과 초승달(Star and Crescent)은 튀르크 민족의 상징이며, 8각 별은 아제르바이잔을 구성하고 있는 8개의 튀르크 부족을 나타낸다. 국가 문장(紋章)에는 아제르바이잔의 국기 색인 하늘색, 빨간색, 녹색으로 구성된 원형 방패가 있고, 그 안에는 흰색 8각 별과 8개의 작은 원이 있다(8개의 튀르크 부족 상징). 별 중앙에는 '불의 나라' 아제르바이잔을 상징하는 불이 그려져 있고, 방패 아래에는 참나무 잎과 밀이 장식되어 있다.

FACTS & FIGURES

위치	⊙	서남 아시아
		동경 47도 30분, 북위 40도 30분
국토면적(㎢)	🌐	86,600(한반도의 2/5)
인구(명)	👥	10,205,810
수도	★	바쿠(Baku)
민족구성(인종)	◔	아제르바이잔(91.6%), 레즈긴(2%)
언어	🗛	아제르바이잔어
종교	†	이슬람교(96.9%)
정치체제	🏛	대통령중심제
독립	♀	1991. 08. 30(구 소련)
외교관계(한국)	⚑	1992. 03. 23
통화	$	마나트(Manat)
타임존	◷	UTC+4
운전방향	◈	오른쪽
국제전화	📞	+994
인터넷	📶	.az
전압	💡	220V, 50Hz
소켓타입	☺	C/F
제1도시	■	바쿠(Baku)
제2도시	🔖	간자(Ganza)
대표음식	🍴	돌마(Dolma), 구탑(Gutab)

아프가니스탄

Afghanistan
Islamic Republic of Afghanistan

검은색, 빨간색, 녹색의 수직 띠로 구성되어 있으며, 국기 중앙에는 흰색의 국가 문장(紋章)이 있다. 검은색은 과거를, 빨간색은 독립을 위해 흘린 피를, 녹색은 미래의 희망, 농업의 번영, 이슬람을 의미한다. 문장 중앙에는 설교단이 있는 모스크가 있고 그 양쪽에 국기가 있다. 모스크 아래에는 아프가니스탄이 영국으로부터 독립한 해인 1298년(회교력, 양력 1919년)이 쓰여 있다. 모스크는 밀 다발로 둘러싸여 있고, 그 위에는 신앙고백문인 샤하다(Shahada, 알라 외에 다른 신은 없습니다. 무함마드는 그분의 사도입니다)가, 바로 아래에는 태양광선을 상징하는 문양 위로 타크비르(Takbir, 신은 위대하다)가, 하단의 스크롤에는 아프가니스탄 국명이 아랍어로 쓰여 있다.

FACTS & FIGURES

위치	⊙ 남부 아시아 동경 65도, 북위 33도
국토면적(㎢)	🌐 652,230(한반도의 3배)
인구(명)	👫 36,643,815
수도	★ 카불(Kabul)
민족구성(인종)	◔ 파슈툰(42%), 타지크, 하자라, 우즈벡
언어	🗛 다리어(Dari, 80%), 파슈토어(Pashto)
종교	✝ 이슬람교(99.7%)
정치체제	🏛 대통령중심제
독립	♀ 1919. 08. 19(영국)
외교관계(한국)	⚐ 1973. 12. 31
통화	$ 아프가니(Afghani)
타임존	🕐 UTC+4:30
운전방향	◈ 오른쪽
국제전화	📞 +93
인터넷	📶 .af
전압	💡 220V, 50Hz
소켓타입	☺ C/F
제1도시	🔖 카불(Kabul)
제2도시	🔖 헤라트(Herāt)
대표음식	🍴 카불리 팔라우(Kabuli Palaw)

안도라

Andorra
Principality of Andorra

파란색, 노란색, 빨간색의 수직 띠로 구성되어 있으며, 중앙에는 국가 문장(紋章, Coat of Arms)이 있다. 문장은 4개의 사각형 방패로 구성되어 있으며, 왼쪽 위부터 시계방향으로 스페인의 우르헬 주교(Bishop of Urgell), 프랑스의 푸아 백작(Count of Foix)과 베아른 자작(Viscounts of Béarn), 그리고 카탈루냐(Catalonia)의 문장으로 구성되어 있다. 방패 아래에는 안도라의 모토 '합치면 더 강하다'(VIRTUS UNITA FORTIOR)가 라틴어로 쓰여 있다. 프랑스를 상징하는 파란색과 빨간색, 스페인을 상징하는 빨간색과 노란색은 안도라에 대한 프랑스-스페인의 공동 보호를 상징한다.

FACTS & FIGURES

위치	⊙ 서유럽 동경 1도 30분, 북위 42도 30분
국토면적(㎢)	🌐 468(서울시의 3/4)
인구(명)	👫 77,000
수도	⊛ 안도라 라 베야(Andorra la Vella)
민족구성(인종)	◓ 안도라(48.8%), 스페인(25.1%), 포트투갈(12%)
언어	🗛 카탈루냐어(공식), 카스티야어, 불어
종교	† 로마 가톨릭
정치체제	🏛 의원내각제
독립	⚱ 1278. 09. 08(프랑스-스페인의 공동 주권)
외교관계(한국)	🏴 1995. 02. 23
통화	$ 유로(Euro)
타임존	🕐 UTC+1
운전방향	◈ 오른쪽
국제전화	📞 +376
인터넷	🛜 .ad
전압	💡 230V, 50Hz
소켓타입	☺ C/F
제1도시	🔖 안도라 라 베야(Andorra la Vella)
제2도시	⛉ 에스칼데스엥고르다뉴(Escaldes-Engordany)
대표음식	🍴 에스꾸데야(Escudella)

프랑스 대통령과 스페인 우르헬(Urgell)교구 주교가 공동영주(Co-Princes)로서 공동 주권을 행사하나, 국내정치에는 관여하지 않으며 독자적인 외교권을 보유한다.

알바니아

Albania
Republic of Albania

붉은색 바탕의 정중앙에 검은 쌍두 독수리가 있다. 이 디자인은 1443년 오스만 제국으로부터 독립을 주장하며 봉기를 일으켜 북알바니아를 임시 통일(1443-78)한 알바니아의 영웅 게오르기 스칸데르베그(Georgi Kastrioti SKANDERBEG)가 사용한 깃발에서 유래하였다. 알바니아인들은 스스로를 독수리의 아들이라는 뜻을 가진 '시킵타레'(Shqiptare)로 부른다. 국가 문장(紋章)에는, 금색 테를 두른 빨간 방패 안에 '스칸데르베그의 독수리'라고 부르는 쌍두 독수리가 있고, 그 위에는 숫염소의 머리와 그 뿔로 장식된 스칸데르베그의 금색 투구가 있다.

FACTS & FIGURES

위치	📍 동남 유럽 동경 20도, 북위 41도
국토면적(㎢)	🌐 28,748(한반도의 1/8)
인구(명)	👫 3,074,579
수도	⭐ 티라나(Tirana)
민족구성(인종)	🥧 알바니아(82.6%), 그리스(0.9%)
언어	🈯 알바니아어
종교	✝ 이슬람교(56.7%), 로마 가톨릭(10%)
정치체제	🏛 의원내각제
독립	🏆 1912. 11. 28(오스만 제국)
외교관계(한국)	🚩 1991. 08. 22
통화	💲 레크(Lek)
타임존	🕐 UTC+1
운전방향	◇ 오른쪽
국제전화	📞 +355
인터넷	📶 .al
전압	💡 230V, 50Hz
소켓타입	☺ C/F
제1도시	🔖 티라나(Tirana)
제2도시	🔖 두러스(Durrës)
대표음식	🍴 타베코시(Tavë Kosi)

알제리

Algeria
People's Democratic Republic of Algeria

동일한 면적의 녹색과 흰색으로 이루어진 수직 띠 중앙에 붉은색 초승달이 있고, 그 안에 붉은색 오각 별이 있다. 녹색은 이슬람을, 흰색은 순결과 평화, 붉은색은 자유를 상징한다. 초승달과 별은 이슬람을 상징하고, 초승달 뿔은 다른 아랍국가가 사용하는 초승달보다 더 닫혀있다. 알제리인들은 뿔이 긴 초승달은 행복을 가져다준다고 믿었다. 국가 문장(紋章)의 중앙에는 '파티마의 손, Hand of Fatima'이라 불리는 손 모양의 부적(함사, Hamsa)이 있고, 그 뒤로 아틀라스 산맥(Atlas Mountains)과 새 시대를 상징하는 태양이 떠오르고 있다. 함사 앞에는 산업과 농업의 발전을 상징하는 건물과 식물이 있고, 문장 주위로 둥그렇게 '알제리 인민 민주 공화국'이라는 국명이 아랍어로 쓰여있다.

FACTS & FIGURES

위치	📍	북부 아프리카 동경 3도, 북위 28도
국토면적(㎢)	🌐	2,381,740(한반도의 11배)
인구(명)	👫	42,972,878
수도	⬡	알제(Algiers)
민족구성(인종)	🥧	아랍인-베르베르(99%)
언어	🅰	아랍어, 베르베르어, 불어(상용)
종교	✝	이슬람교(99%, 수니)
정치체제	🏛	대통령중심제
독립	♉	1962. 07. 05(프랑스)
외교관계(한국)	🏳	1990. 01. 15
통화	💲	알제리 디나르(Algerian Dinar)
타임존	🕐	UTC+1
운전방향	◈	오른쪽
국제전화	📞	+213
인터넷	📶	.dz
전압	💡	230V, 50Hz
소켓타입	☺	C/F
제1도시	📕	알제(Algiers)
제2도시	🔖	오랑(Oran)
대표음식	🍴	쿠스쿠스(Couscous)

앙골라

Angola
Republic of Angola

붉은색과 검은색으로 이루어진 수평 띠 중앙에 노란색 톱니바퀴가 있다. 톱니바퀴 안에는 오각 별 한 개가 붉은 띠 위에 있고, 농사에 사용되는 마체테(Machete, 날이 넓은 칼)가 걸쳐 있다. 붉은색은 자유를, 검은색은 아프리카 대륙을, 톱니바퀴와 마체테는 노동자와 농민을 상징한다. 국가 문장(紋章)에는 새로운 시작을 상징하는 떠오르는 태양 위로 괭이와 마체테가 있고, 그 위로 연대와 발전을 상징하는 노란 별이 있다. 이를 옥수수, 커피, 목화 잎과 톱니바퀴가 둘러싸고 있다. 태양 아래에는 교육을 나타내는 책이 펼쳐져 있고, 그 아래 스크롤에는 국명 '앙골라 공화국'이 포르투갈어로 쓰여있다.

FACTS & FIGURES

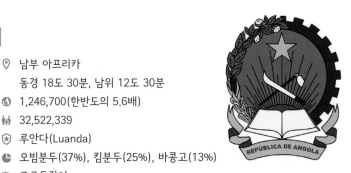

위치	📍 남부 아프리카 동경 18도 30분, 남위 12도 30분
국토면적(㎢)	🌐 1,246,700(한반도의 5.6배)
인구(명)	👫 32,522,339
수도	⭐ 루안다(Luanda)
민족구성(인종)	🥧 오빔분두(37%), 킴분두(25%), 바콩고(13%)
언어	🅰 포르투갈어
종교	✝ 로마 가톨릭(41%), 기독교(38%)
정치체제	🏛 대통령중심제
독립	🏆 1975. 11. 11(포르투갈)
외교관계(한국)	🚩 1992. 01. 06
통화	💲 콴자(Kwanza)
타임존	🕐 UTC+1
운전방향	🧭 오른쪽
국제전화	📞 +244
인터넷	📶 .ao
전압	💡 220V, 50Hz
소켓타입	☺ C
제1도시	🔖 루안다(Luanda)
제2도시	🏷 루방구(Lubango)
대표음식	🍴 므왐바 치킨(Muamba Chicken)

앤티가바부다

Antigua and Barbuda

검은색, 파란색, 흰색의 수평 띠가 모여 역삼각형을 이루고, 그 좌우로 빨간색 직각 삼각형이 마주 보고 있다. 검은 띠 중앙에는 새 시대의 여명을 상징하는 노란 태양이 떠오르고 있다. 검은색은 국민의 대다수를 차지하는 흑인과 그 유산을, 파란색은 희망을, 빨간색은 국민의 역동성을 나타낸다. 역삼각형의 'V'는 승리를 상징하며, 노란색, 파란색, 흰색은 국가의 관광자원인 태양, 바다, 모래를 각각 나타낸다. 국가 문장(紋章)에는 대표적인 생산물인 파인애플, 빨간색 히비스커스(Hibiscus)꽃, 사탕수수와 실난초(Yucca)가 있다. 두 마리 사슴이 들고 있는 방패에는 바다 위로 떠오르는 태양과 사탕수수로 설탕을 만드는 제당소(Sugar Mill)가 있다. 스크롤에는 국가의 모토인 '각자의 노력, 모두의 성공'이 적혀있다.

FACTS & FIGURES

위치	⊙ 중미 카리브
	서경 61도 48분, 북위 17도 3분
국토면적(㎢)	🌐 442.6(서울시의 3/4)
인구(명)	👫 98,179
수도	★ 세인트존스(Saint John's)
민족구성(인종)	◗ 흑인(87.3%), 혼혈(4.7%), 백인(1.6%)
언어	🗛 영어
종교	† 기독교(68.3%), 로마 가톨릭(8.2%)
정치체제	🏛 의원내각제
독립	♀ 1981. 11. 01(영국)
외교관계(한국)	⚑ 1981. 11. 01
통화	$ 동카리브 달러(East Caribbean Dollar)
타임존	🕐 UTC-4
운전방향	◈ 왼쪽
국제전화	📞 +1-268
인터넷	🛜 .ag
전압	💡 230V, 60Hz
소켓타입	☺ A/B
제1도시	▮ 세인트존스(Saint John's)
제2도시	🔖 올세인츠(All Saints)
대표음식	🍴 페퍼팟(Pepper Pot), 쿠쿠(Coo coo)

에리트레아

Eritrea
State of Eritrea

에티오피아(Ethiopia)로부터의 독립 투쟁을 한 '에리트레아 인민해방전선'(Eritrean People's Liberation Front)의 깃발을 모태로 하였다. 왼쪽의 빨간색 이등변 삼각형이 오른쪽으로 뻗어 나가, 위 아래에 녹색과 하늘색의 직각 삼각형 두 개를 만들고 있다. 국토 모양을 딴 빨간색 삼각형에는 황금색 올리브 나무 한 그루와 그 주위를 둘러싼 올리브 화환이 있다. 녹색은 농업을, 빨간색은 자유를 쟁취하기 위한 투쟁에서 흘린 피를, 파란색은 바다의 풍요로움을 상징한다. 국가 문장(紋章)에는, 사막에 단봉낙타(Dromedary Camel, 등에 혹이 하나 있는 낙타)가 있으며, 올리브 가지가 문장 전체를 감싸고 있다. 파란 스크롤에는 에리트레아의 국가명이, 티그리냐어(Tigrinya), 영어 및 아랍어로 각각 쓰여 있다.

FACTS & FIGURES

위치	📍	동부 아프리카
		동경 39도, 북위 15도
국토면적(㎢)	🌐	117,600(한반도의 1/2배)
인구(명)	👫	6,081,196
수도	⭐	아스마라(Asmara)
민족구성(인종)	🥧	티그리냐(55%), 티그르(30%)
언어	🗚	티그리냐어, 아랍어, 영어
종교	✝	이슬람교(수니), 로마 가톨릭, 기독교
정치체제	🏛	대통령중심제
독립	⚱	1993. 05. 24(에티오피아)
외교관계(한국)	🏳	1993. 05. 24
통화	💲	낙파(Nakfa)
타임존	🕐	UTC+3
운전방향	◈	오른쪽
국제전화	📞	+291
인터넷	📶	.er
전압	🔌	230V, 50Hz
소켓타입	⊙	C/L
제1도시	🔖	아스마라(Asmara)
제2도시	📑	케렌(Keren)
대표음식	🍴	지그니(Zigni), 고어드 고어드(Gored gored)

에스와티니

Eswatini
Kingdom of Eswatini

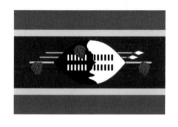

노란 테두리가 있는 빨간색 수평 띠 위아래에 파란색 수평 띠가 있다. 중앙에는 흑백의 황소가죽방패 (Nguni Shield)가 가로로 놓여있고, 그 아래에 창(2)과 깃털이 장식된 지팡이가 있다. 파란색은 평화와 안정을, 빨간색은 독립 투쟁을, 노란색은 광물자원을 상징한다. 방패, 창, 천인조 깃털이 달린 지팡이는 외적으로부터의 국가 보호를 의미하고, 검은색과 흰색은 흑백 두 인종의 평화로운 공존을 상징한다. 국가 문장(紋章)의 방패에는 방패, 창, 지팡이가 있고, 좌우에 사자(왕)와 코끼리(왕비)가 있다. 문장 위에는 수확을 감사하는 '잉크와라'(Incwala, 최초의 과일이라는 뜻) 축제에 사용되는 깃털 장식(Lidlabe)이, 아래에는 국가의 모토 '우리는 요새다'(Siyinqaba)가 스와티어로 쓰여 있다.

FACTS & FIGURES

위치	📍	남부 아프리카
		동경 31도 30분, 남위 26도 30분
국토면적(㎢)	🌐	17,364(한반도의 1/12)
인구(명)	👥	1,104,479
수도	⊛	음바바네(Mbabane, 행정수도), 로밤바(Lobamba, 왕정, 입법수도)
민족구성(인종)	◗	스와지, 줄루
언어	🗛	스와티어, 영어
종교	✝	기독교(40%), 로마 가톨릭(20%)
정치체제	🏛	절대군주제
독립	⚲	1968. 09. 06(영국)
외교관계(한국)	⚑	1968. 11. 06
통화	$	릴랑게니(Swazi Lilangeni)
타임존	🕐	UTC+2
운전방향	◇	왼쪽
국제전화	📞	+268
인터넷	📶	.sz
전압	💡	230V, 50Hz
소켓타입	☺	M
제1도시	▮	만지니(Manzini)
제2도시	🔖	음바바네(Mbabane)
대표음식	🍴	타조스테이크(Karoo Roast Ostrich Steak), 시슈왈라(Sishwala)

2018년 국명을 기존 '스와질랜드'(Swaziland)에서 에스와티니로 변경했다. 아프리카에서 마지막 남은 절대군주제 국가이다.

에스토니아

Estonia
Republic of Estonia

파란색, 검은색, 흰색의 수평 띠로 이루어져 있다. 파란색은 믿음, 충성, 헌신과 에스토니아의 하늘, 바다, 호수를 나타낸다. 검은색은 국가의 토양과 에스토니아의 어두운 과거와 고통을 상징한다. 흰색은 순수, 행복을 달성하려는 열망을 상징한다. 국가 문장(紋章)의 중앙에는 세 마리 파란색 사자가 있는 금색 방패가 있고, 그 주위를 금색 참나무(Oak) 잎이 감싸고 있다. 덴마크(Denmark)의 국가 문장에서 차용한 세 마리의 사자는 13세기부터 사용되기 시작했으며, 자유를 위한 투쟁과 용기를 상징한다. 참나무는 인내, 자유, 힘을 뜻한다.

FACTS & FIGURES

위치	📍 북유럽 동경 26도, 북위 59도
국토면적(㎢)	🌐 45,228(한반도의 1/5)
인구(명)	👥 1,228,624
수도	⭐ 탈린(Tallinn)
민족구성(인종)	🥧 에스토니아(69%), 러시아(25%)
언어	🗛 에스토니아어, 러시아어
종교	✝ 러시아정교(16.2%), 루터교(9.9%), 없음(54.1%)
정치체제	🏛 의원내각제
독립	🏆 1918. 02. 24(구 러시아)
외교관계(한국)	🚩 1991. 10. 17
통화	💲 유로(Euro)
타임존	🕐 UTC+2
운전방향	◈ 오른쪽
국제전화	📞 +372
인터넷	📶 .ee
전압	💡 230V, 50Hz
소켓타입	⊙ C/F
제1도시	🔖 탈린(Tallinn)
제2도시	🔖 타르투(Tartu)
대표음식	🍴 베리보스트(Verivorst), 로솔제(Rosolje), 흑빵(Sepik)

에콰도르

Ecuador
Republic of Ecuador

19세기의 '그란 콜롬비아'(Gran Colombia, 1819-31)의 깃발을 모태로 하여 노란색, 파란색, 빨간색의 수평 띠로 구성되어 있으며, 중앙에는 국가 문장(紋章)이 있다. 노란색은 태양과 곡물과 광물자원을, 파란색은 하늘과 바다와 강을, 빨간색은 자유를 위한 투쟁에서 흘린 피를 상징한다. 국가 문장의 콘도르(Condor)가 잡고 있는 방패에는 침보라소산(Chimborazo), 과야스강(Guayas), 과야킬에서 건조된 최초의 증기선, 태양신 인티(Inti), 별자리 심볼(1845년 3월 혁명이 일어난 3-7월을 나타내는 양, 황소, 쌍둥이, 게자리)이 있다. 증기선에는 두 마리 뱀이 감긴 날개 달린 지팡이(Caduceus)가 있다. 방패 뒤에는 국기와 월계수 가지와 야자나무 잎이 있고, 아래에는 권위를 상징하는 파스케스(Fasces)가 있다.

FACTS & FIGURES

위치	◎	남아메리카
		서경 77도 30분, 남위 2도
국토면적(㎢)	⊙	283,561(한반도의 1.3배)
인구(명)	♚♙	16,904,867
수도	✪	키토(Quito)
민족구성(인종)	◗	메스티조(71.9%)
언어	🗛	스페인어
종교	†	로마 가톨릭(74%)
정치체제	🏛	대통령중심제
독립	♉	1822. 05. 24(스페인)
외교관계(한국)	⚑	1962. 10. 05
통화	$	미국 달러(US Dollar)
타임존	◷	UTC-5
운전방향	◈	오른쪽
국제전화	☎	+593
인터넷	📶	.ec
전압	⭘	120V, 60Hz
소켓타입	☺	A/B
제1도시	🔖	과야킬(Guayaquil)
제2도시	🔖	키토(Quito)
대표음식	🍴	엔세보야도(Encebolldo), 프리타다(Fritada)

에티오피아

Ethiopia
Federal Democratic Republic of Ethiopia

녹색, 노란색, 빨간색의 수평 띠로 구성되어 있으며, 중앙의 파란색 원 안에 5각 별 모양이 있고, 별에서는 5개의 빛이 발산하고 있다. 녹색은 희망과 땅의 비옥함을, 노란색은 정의와 조화를, 빨간색은 희생과 힘을 상징한다. 파란색 원은 평화를, 별은 국민의 다양성과 단결, 평등을 상징한다. 발산하는 빛은 미래의 번영을 의미한다. 에티오피아는 아프리카에서 가장 오래된 독립국으로, 다른 아프리카 국가들의 국기에 큰 영향을 주어 에티오피아 국기의 삼색은 범(汎)아프리카 색으로 평가받는다. 국기 중앙의 엠블렘(Emblem, 국가의 상징 기호, 표지)은 1996년에 추가되었다.

FACTS & FIGURES

위치	⊙ 동부 아프리카 동경 38도, 북위 8도
국토면적(㎢)	🌐 1,104,300(한반도의 5배)
인구(명)	👫 108,113,150
수도	⊛ 아디스아바바(Addis Ababa)
민족구성(인종)	◗ 오로모(34.4%), 암하라(27%), 소말리(6.2%) 등 80여개 부족
언어	🗛 암하라어, 영어
종교	✝ 에티오피아 정교(43.5%), 이슬람교(33.9%), 기독교(18.5%)
정치체제	🏛 의원내각제
독립	⚱ 세계에서 가장 오랜 독립국 중 하나(2,000년 전)
외교관계(한국)	⚐ 1963. 12. 23
통화	$ 비르(Birr)
타임존	🕐 UTC+3
운전방향	◈ 오른쪽
국제전화	📞 +251
인터넷	📶 .et
전압	💡 220V, 50Hz
소켓타입	⊙ C/F/L
제1도시	🔖 아디스아바바(Addis Ababa)
제2도시	🔖 아다마(Adama)
대표음식	🍴 인제라(Injera), 키트포(Kitfo)

엘살바도르

El Salvador
Republic of El Salvador

파란색, 흰색, 파란색으로 이루어진 수평 띠 중앙에 국가 문장(紋章)이 있다. 1821년 스페인으로부터 독립을 선언한 과테말라, 니카라과, 엘살바도르, 온두라스, 코스타리카로 구성된 중앙아메리카 연방공화국(Federal Republic of Central America, 1823-40) 기를 모태로 하였다. 파란색은 태평양과 카리브해를, 흰색은 두 바다 사이에 있는 국토와 평화와 번영을 상징한다. 국가 문장의 삼각형 안에는 5개의 섬(중앙아메리카 연방공화국), 프리기아 모자(자유), 빛나는 태양, 무지개, 독립일 '1821년 9월 15일'이 있고, 이를 국기와 월계수가 감싸고 있다. 흰 스크롤에는 국가의 모토 '하느님, 단결, 자유'(Dios, Unión, Libertad)가 쓰여 있고, 문장 전체를 '중미의 엘살바도르 공화국' 글자가 에워싸고 있다.

FACTS & FIGURES

위치	◎	중미
		서경 88도 55분, 북위 13도 50분
국토면적(㎢)	🌐	21,041(한반도의 1/10)
인구(명)	👫	6,481,102
수도	☆	산살바도르(San Salvador)
민족구성(인종)	◔	메스티조(86.3%), 백인(12.7%)
언어	🗛	스페인어
종교	✝	로마 가톨릭(50%), 기독교(36%)
정치체제	🏛	대통령중심제
독립	⚱	1821. 09. 15(스페인)
외교관계(한국)	⚑	1962. 08. 30
통화	$	미국 달러(US Dollar)
타임존	◷	UTC-6
운전방향	◈	오른쪽
국제전화	📞	+503
인터넷	📶	.sv
전압	💡	115V, 60Hz
소켓타입	☺	A/B
제1도시	■	산살바도르(San Salvador)
제2도시	▯	소야팡고(Soyapango)
대표음식	🍴	푸푸사(Pupusa), 소파드파타(Sopa de pata)

영국

United Kingdom
United Kingdom of Great Britain and
Northern Ireland

유니언잭(Union Jack)이라 불리는 영국 국기는, 짙은 파란색 바탕에 잉글랜드(EN)를 상징하는 흰색 테두리가 있는 빨간 십자가 중앙에 있고, 스코틀랜드(ST)를 상징하는 흰색 X형 십자가 그 아래에 있으며, 그 위에 북아일랜드(NI)를 상징하는 빨간 X형 십자가 올려져 있다. 디자인과 컬러는 영연방국가에 영향을 주었다. 국가 문장(紋章)에는 왕관 쓴 사자(EN)와 사슬에 묶인 유니콘(ST)이, 세 마리 사자(EN), 서 있는 사자(ST), 하프(NI)가 그려진 방패를 들고 있다. 방패 테두리의 파란색 스크롤에는 '사악한 마음을 가진 자에게 치욕이 있으라'(Honi soit qui mal y pense)는 가터 훈장(Order of the Garter)의 문구가, 그 아래 흰색 스크롤에는 왕실의 모토인 '신과 나의 권리'(Dieu et Mon Droit)가 불어로 적혀있다.

FACTS & FIGURES

위치	⊙	서유럽
		서경 2도, 북위 54도
국토면적(㎢)	⑤	243,610(한반도의 1.1배)
인구(명)	ⅲ	65,761,117
수도	⊛	런던(London)
민족구성(인종)	◗	백인(87.2%), 흑인(3%), 아시아(2.3%)
언어	㊈	영어
종교	†	기독교(59.5%), 없음(25.7%), 이슬람교(4.4%)
정치체제	⚖	의원내각제
독립	♔	1707. 05. 01(그레이트브리튼 왕국 결합)
외교관계(한국)	⚑	1949. 01. 18
통화	$	영국 파운드 스털링(UK Pound Sterling)
타임존	⊙	UTC+0
운전방향	◈	왼쪽
국제전화	☎	+44
인터넷	🛜	.uk
전압	💡	230V, 50Hz
소켓타입	☺	G
제1도시	▮	런던(London)
제2도시	▯	버밍엄(Birmingham)
대표음식	¶	피쉬앤칩스(Fish and Chips), 선데이 디너(Sunday Dinner)

예멘

Yemen
Republic of Yemen

범(汎)아랍 색상인 빨간색, 흰색, 검은색의 수평 띠로 구성되어 있다. 1916년 오스만 제국으로부터 독립투쟁을 한 '아랍 혁명'(The Arab Revolt)기에서 유래하였으며, 이집트(Egypt), 이라크(Iraq), 시리아(Syria) 국기와 비슷하다. 국가 문장(紋章)에는 독수리가 '예멘공화국'이라고 적혀있는 아랍어 스크롤을 잡고 있으며, 가슴에는 커피(예멘은 세계 최초로 커피가 경작된 아라비카 커피의 원산지이다.)와 고대 토목공학의 불가사의 중 하나인 마리브댐(Dam of Ma'rib, 사바 왕국의 수도였던 예멘의 마리브에 기원전 7~8세기경에 건설된 댐으로 길이가 580m에 높이가 4m였다.) 유적이 있다. 독수리 날개 옆 깃대에는 예멘 국기가 있다.

FACTS & FIGURES

위치	⊙	중동
		동경 48도, 북위 15도
국토면적(㎢)	🌐	527,968(한반도의 2.4배)
인구(명)	👫	29,884,405
수도	⊛	사나(Sanaa)
민족구성(인종)	◕	아랍, 남부아시아
언어	🗛	아랍어
종교	†	이슬람교(99.1%)
정치체제	🏛	대통령중심제(과도정부)
독립	⚑	1990. 05. 22(남예멘, 북예멘 통일)
외교관계(한국)	🏳	1990. 05. 17
통화	$	예멘 리알(Yemeni Rial)
타임존	⊙	UTC+3
운전방향	◈	오른쪽
국제전화	📞	+967
인터넷	🛜	.ye
전압	💡	230V, 50Hz
소켓타입	☺	A/D/G
제1도시	🔖	사나(Sanaa)
제2도시	🔖	아덴(Aden)
대표음식	🍴	캅사(Kabsa), 하니드(Haneeth)

오만

Oman
Sultanate of Oman

흰색, 빨간색, 녹색의 수평 띠로 구성되어 있으며, 왼쪽에는 추가로 빨간색 수직 띠가 있다. 수직 띠의 상단 중앙에는 국가 문장(紋章)이 있다. 흰색은 종교지도자인 이맘(Imam)을 상징하며 평화와 번영을 의미한다. 빨간색은 외적의 침입에 맞서 싸운 전투를, 녹색은 이슬람, 북쪽에 걸쳐있는 제벨 악다르(Jebel al Akhdar, 녹색의 산)와 다산을 상징한다. 국가 문장에는 엇갈리게 놓은 두 장검 위에 전통 단검인 알파벳 J 모양의 칸자르(Khanjar)가 중앙에 놓여있고, 그 위에 칸자르를 넣을 수 있는 허리 벨트가 가로로 놓여있다. 칸자르는 오만의 상징이다.

FACTS & FIGURES

위치	◎ 중동 동경 57도, 북위 21도
국토면적(㎢)	⊕ 309,500(한반도의 1.4배)
인구(명)	♙ 4,664,844
수도	⊛ 무스카트(Muscat)
민족구성(인종)	◐ 아랍, 발루치, 남부아시아
언어	⽂ 아랍어
종교	† 이슬람교(85.9%), 기독교(6.5%)
정치체제	⛫ 절대군주제
독립	⚥ 1650(포르투갈 축출)
외교관계(한국)	⚐ 1974. 03. 28
통화	$ 오만 리알(Omani Rial)
타임존	◷ UTC+4
운전방향	◇ 오른쪽
국제전화	☎ +968
인터넷	⚗ .om
전압	⚡ 240V, 50Hz
소켓타입	☺ C/G
제1도시	▮ 시브(Seeb)
제2도시	⚑ 보샤르(Bawshar)
대표음식	⛶ 슈와(Shuwa)

오스트레일리아

Australia
Commonwealth of Australia

파란 바탕 왼쪽 위에는 영국 국기(Union Jack)가 있고, 그 바로 아래에는 '연방별(Star of Federation)' 이라고 불리는 7각 별이 있다. 영국 국기는 호주가 영연방임을 알리는 동시에, 영국의 이주민으로 이루어 진 나라임을 나타낸다. 7각 별의 각 각(角)은 1901년 영국으로부터 독립하기 이전에 존재하던 6개의 지 방과 해외 영토를 상징한다. 오른쪽에는 4개의 7각 별과 1개의 작은 5각 별이 있다. 이는 남반구에서만 볼 수 있는 남십자성(Southern Cross)을 나타낸다. 국가 문장(紋章)에는 아카시아꽃(국화)이 그려진 바탕에 캥거루와 에뮤(Emu)가 호주의 6개 주를 상징하는 방패를 들고 있다. 방패 위에는 노란 '연방별' 이 있다.

FACTS & FIGURES

위치	📍	오세아니아
		동경 133도, 남위 27도
국토면적(㎢)	🌐	7,741,220(한반도의 35배)
인구(명)	👫	25,466,459
수도	⊛	캔버라(Canberra)
민족구성(인종)	◓	잉글랜드(26%), 호주(25%), 아일랜드(7.5%)
언어	🗚	영어
종교	✝	기독교(23%), 로마 가톨릭(22.6%)
정치체제	🏛	의원내각제
독립	♟	1901. 01. 01(영국)
외교관계(한국)	🏳	1961. 10. 30
통화	$	호주 달러(Australian Dollar)
타임존	🕐	UTC+8 ~ +10
운전방향	◈	왼쪽
국제전화	📞	+61
인터넷	📶	.au
전압	💡	240V, 50Hz
소켓타입	☺	I
제1도시	📑	시드니(Sydney)
제2도시	🔖	멜버른(Melbourne)
대표음식	🍴	베지마이트(Vegemite), 고기 파이(Meat Pie), 로스트 램(Roast Lamb)

오스트리아

Austria
Republic of Austria

빨간색, 흰색, 빨간색의 수평 띠로 이루어졌으며 세계에서 가장 오래된 국기 중 하나이다. 레오폴트 5세(Leopold V)가 3차 십자군 전쟁의 아크레 공방전(Siege of Acre, 1189-91)에서 이슬람군과의 치열한 전투가 끝나고 붉은 피로 덮인 갑옷의 벨트를 풀자 안에 입은 흰 튜닉이 드러난 모습을 보고, 이를 형상화하여 깃발로 사용하였다. 국가 문장(紋章)에는, 성벽관(Mural Crown, 城壁冠, 성벽 모양의 관으로 고대 로마에서 가장 먼저 적의 성채에 올라 군기를 꽂은 용사에게 주었다)을 쓴 독수리가 가슴에 오스트리아 국기를 달고, 두 발톱으로는 낫과 망치를 잡고 있다. 독수리는 주권을, 왕관은 중산층을, 낫은 농업을, 망치는 공업을 각각 상징하며 끊어진 쇠사슬은 나치 독일로부터의 해방을 나타낸다.

FACTS & FIGURES

위치	📍	중부 유럽 동경 13도 20분, 북위 47도 20분
국토면적(㎢)	🌐	83,871(한반도의 3/8)
인구(명)	👫	8,859,449
수도	🏅	빈(Vienna)
민족구성(인종)	🥧	오스트리아(80.8%), 독일(2.6%)
언어	🗣	독일어
종교	✝	로마 가톨릭(57%), 동방정교(8.7%), 이슬람교(7.9%)
정치체제	🏛	의원내각제
독립	⚑	1918. 11. 12(공화국 선포)
외교관계(한국)	⚑	1963. 05. 22
통화	$	유로(Euro)
타임존	🕐	UTC+1
운전방향	◈	오른쪽
국제전화	📞	+43
인터넷	📶	.at
전압	💡	230V, 50Hz
소켓타입	☺	C/F
제1도시	🔖	빈(Vienna)
제2도시	🔖	그라츠(Graz)
대표음식	🍴	비너 슈니첼(Wiener Schnitzel)

온두라스

Honduras
Republic of Honduras

짙은 청색, 흰색, 짙은 청색으로 이루어진 수평 띠 중앙에 5각 별 다섯 개가 X자 패턴으로 배열되어 있다. 다섯 개의 별은 중앙아메리카 연방(1823-41)을 함께 구성했던 온두라스, 과테말라, 니카라과, 엘살바도르, 코스타리카를 의미한다. 청색은 카리브해(Caribbean Sea)와 태평양(Pacific Ocean)을, 흰색은 두 바다 사이에 있는 국토와 국민의 평화와 번영을 상징한다. 국가 문장(紋章) 속 방패에는 피라미드와 빛나는 태양(전시안, 全視眼, All-seeing eye), 두 개의 성, 화산 및 무지개가 있고, 그 주위를 '자유로운 주권과 독립의 나라, 온두라스 공화국' 글씨가 장식하고 있다. 방패 위에는 화살통과 과일, 야채, 꽃이 나오는 '풍요의 뿔'(Cornucopia)이 있고, 아래에는 참나무, 소나무, 광산, 채광용 공구가 있다.

FACTS & FIGURES

위치	📍	중미 서경 86도 30분, 북위 15도
국토면적(㎢)	🌐	112,090(한반도의 1/2)
인구(명)	👫	9,235,340
수도	⊛	테구시갈파(Tegucigalpa)
민족구성(인종)	◗	메스티조(90%)
언어	🗛	스페인어
종교	✝	로마 가톨릭(46%), 기독교(41%)
정치체제	🏛	대통령중심제
독립	⚥	1821. 09. 15(스페인)
외교관계(한국)	🚩	1962. 04. 01
통화	$	렘피라(Lempira)
타임존	🕐	UTC-6
운전방향	◈	오른쪽
국제전화	📞	+504
인터넷	📶	.hn
전압	🔌	110V, 60Hz
소켓타입	☺	A/B
제1도시	📑	테구시갈파(Tegucigalpa)
제2도시	🔖	산페드로술라(San Pedro Sula)
대표음식	🍴	발레아다(Baleada), 카르네 아사다(Carne Asada)

요르단

Jordan

Hashemite Kingdom of Jordan

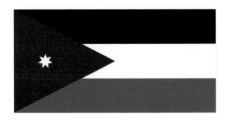

오스만 제국으로부터 독립 투쟁을 한 1916년 '아랍 혁명'(The Arab Revolt)기에서 유래하였다. 검은색, 흰색, 녹색으로 이루어진 수평 띠 왼쪽에는 아랍 혁명을 상징하는 빨간 이등변 삼각형이 있다. 삼각형 안의 7각 별은 이슬람교 경전(코란)의 첫 장(수라 알 파티하, Surah Al Fatiha)에 쓰여있는 7개의 구절-신앙, 우애, 국민정신, 겸손, 사회 정의, 선행, 염원-을 나타내며, 아랍의 통합을 의미한다. 검은색은 아바스 왕조를, 흰색은 우마이야 왕조를, 녹색은 파티마 왕조를 각각 상징한다. 국가 문장(紋章)에는 왕관이 올려져 있는 빨간 망토가 있고, 그 안에는 파란 지구(이슬람 세계) 위에 올라선 독수리와 국기가 있고, 바로 아래에는 국화(Marigold, 정의) 문양, 밀 이삭과 야자나무 잎으로 장식된 요르단 훈장이 있다.

FACTS & FIGURES

위치	⊙	중동
		동경 36도, 북위 31도
국토면적(㎢)	🌐	89,342(한반도의 2/5)
인구(명)	👫	10,820,644
수도	⊛	암만(Amman)
민족구성(인종)	◔	요르단(69.3%), 시리아(13.3%)
언어	🗛	아랍어
종교	†	이슬람교(97.2%, 국교)
정치체제	🏛	입헌군주제
독립	♔	1946. 05. 25(영국)
외교관계(한국)	⚑	1962. 07. 26
통화	$	요르단 디나르(Jordanian Dinar)
타임존	⊙	UTC+2
운전방향	◈	오른쪽
국제전화	📞	+962
인터넷	📶	.jo
전압	💡	230V, 50Hz
소켓타입	☺	B/C/D/F/G/J
제1도시	📑	암만(Amman)
제2도시	🔖	자르카(Zarqa)
대표음식	🍴	만샤프(Mansaf)

우간다

Uganda
Republic of Uganda

검은색, 노란색, 빨간색이 반복되는 수평 띠로 구성되어 있으며, 국기 중앙의 흰색 원 안에는 우간다의 국조(國鳥)인 회색관 두루미(Grey crowned crane)가 있다. 검은색은 아프리카 민족을, 노란색은 햇빛과 활력을, 빨간색은 형제애를 상징한다. 국가 문장(紋章)에는 국가 수호의 의지를 나타내는 방패와 창이 있고, 방패에는 빅토리아 호수, 밝은 미래를 상징하는 태양, 축제에 사용되는 전통 북이 그려져 있다. 회색관 두루미와 우간다 영양(Ugandan kob)은 방패 옆에 서 있고, 녹색의 대지에는 주요 농산물인 목화와 커피가 자라고 있으며, 그 사이를 나일강(Nile)이 흐르고 있다. 스크롤에는 우간다의 국가 모토인 '하느님과 조국을 위하여'가 쓰여 있다.

FACTS & FIGURES

위치	📍	중앙 아프리카 동경 32도, 북위 1도
국토면적(㎢)	🌐	241,038(한반도의 1.1배)
인구(명)	👥	43,252,966
수도	⭐	캄팔라(Kampala)
민족구성(인종)	🥧	바간다(16.5%), 반얀콜레(9.6%), 바소가(8.8%) 등
언어	🔤	영어, 스와힐리어
종교	✝	기독교(45.1%), 로마 가톨릭(39.3%)
정치체제	🏛	대통령중심제
독립	⚲	1962. 10. 09(영국)
외교관계(한국)	🚩	1963. 03. 26
통화	💲	우간다 실링(Uganda Shilling)
타임존	🕐	UTC+3
운전방향	◈	왼쪽
국제전화	📞	+256
인터넷	📶	.ug
전압	💡	240V, 50Hz
소켓타입	🙂	G
제1도시	🔖	캄팔라(Kampala)
제2도시	🔖	난사나(Nansana)
대표음식	🍴	마토케(Matoke)

우루과이

Uruguay
Oriental Republic of Uruguay

흰색(5개)과 파란색(4개)의 수평 띠로 이루어져 있으며, 왼쪽 상단에는 '5월의 태양'이라는 사람 얼굴 모양의 노란 태양이 햇살을 밝히고 있다. 태양은 고대 잉카인의 태양신 인티(Inti)를 나타내며, '5월의 태양, Sun of May'은 1810년 5월 25일 스페인 제국과의 독립전쟁 중에 흐린 하늘에서 갑자기 나타나 승리의 전조를 보여준 태양을 나타낸다. 스페인에서 독립한 후, 브라질로부터도 독립을 쟁취했으며, 수평 띠는 독립 당시의 9개 주(州)를 나타낸다. 국가 문장(紋章)의 상단에는 '5월의 태양'이, 방패에는 천칭(정의와 평등), 몬테비데오 요새(Cerro de Montevideo, 힘), 달리는 말(자유)과 황금 황소(풍요)가 있으며, 방패 주위를 월계수(명예)와 올리브(평화) 가지가 둘러싸고 있다.

FACTS & FIGURES

위치	📍	남아메리카
		서경 56도, 남위 33도
국토면적(㎢)	🌐	176,215(한반도의 4/5)
인구(명)	👫	3,387,605
수도	★	몬테비데오(Montevideo)
민족구성(인종)	🥧	백인(87.7%), 흑인(4.6%)
언어	🗛	스페인어
종교	†	로마 가톨릭(47.1%), 기독교(34.1%), 없음(17.2%)
정치체제	🏛	대통령중심제
독립	⚇	1825. 08. 25(브라질)
외교관계(한국)	⚐	1964. 10. 07
통화	$	우루과이 페소(Uruguayan Peso)
타임존	⏰	UTC-3
운전방향	◈	오른쪽
국제전화	📞	+598
인터넷	📶	.uy
전압	💡	230V, 50Hz
소켓타입	☺	C/F/I/L
제1도시	📗	몬테비데오(Montevideo)
제2도시	🔖	살토(Salto)
대표음식	🍴	치비토(Chivito)

우즈베키스탄

Uzbekistan
Republic of Uzbekistan

하늘색, 흰색, 녹색의 수평 띠로 이루어져 있으며, 그 사이에 붉은 경계선이 있다. 왼쪽 상단에는 흰 초승달과 12개의 별이 있다. 하늘색은 투르크 민족, 하늘, 물을 상징하고, 흰색은 평화와 순수를, 녹색은 풍요로움과 이슬람을 상징한다. 붉은 줄은 생명체에 필수적인 힘, 용기, 종교적인 소수민족을 나타낸다. 초승달은 이슬람을 상징하며, 12개의 별은 12달과 12 궁도(宮圖)를 나타낸다. 또한, 별들은 '알라'신의 아랍어 글자를 형상화한 것이다. 이슬람에서 숫자 12는 완벽을 상징한다. 국가 문장(紋章)에는 우즈베크의 전설에 나오는 행복과 자유의 새 '후마'가 날개를 펼치고 있고, 날개 안에는 태양, 산, 강이 있다. 이를 면화와 밀 이삭이 감싸고 있으며, 상단에는 팔각형의 별 모양(Rub el Hizb) 안에 초승달과 별이 있다.

FACTS & FIGURES

위치	📍	중앙 아시아 동경 64도, 북위 41도
국토면적(㎢)	🌐	447,400(한반도의 2배)
인구(명)	👫	30,565,411
수도	★	타슈켄트(Tashkent)
민족구성(인종)	🍂	우즈베키스탄(83.8%), 타지크(4.8%)
언어	🗣	우즈베키스탄어
종교	✝	이슬람교(88%, 수니)
정치체제	🏛	대통령중심제
독립	🏆	1991. 09. 01(구 소련)
외교관계(한국)	🚩	1992. 01. 29
통화	💲	우즈베키스탄 숨(Uzbek Som)
타임존	🕐	UTC+5
운전방향	◈	오른쪽
국제전화	📞	+998
인터넷	📶	.uz
전압	💡	220V, 50Hz
소켓타입	🔌	C/I
제1도시	📕	타슈켄트(Tashkent)
제2도시	🔖	사마르칸트(Samarqand)
대표음식	🍴	오쉬(O'sh, 필라프), 샤슬릭(Shashlik)

우크라이나

Ukraine

파란색과 노란색의 수평 띠로 이루어져 있으며, 이들은 각각 파란 하늘과 우크라이나 평야의 드넓은 밀밭을 상징한다. 파란 방패에 금색 삼지창(Tryzub)이 있는 우크라이나의 국가 문장(紋章)은 류리크 왕조(Rurik Dynasty)의 깃발에서 유래하였다. 삼지창은 고대 석궁(Arbalest)을 형상화한 것이다.

위치	⊙ 동부 유럽 동경 32도, 북위 49도
국토면적(㎢)	🌐 603,550(한반도의 2.7배)
인구(명)	👫 43,922,939
수도	⊛ 키예프(Kiev)
민족구성(인종)	◕ 우크라이나(77.8%), 러시아(17.3%)
언어	🗛 우크라이나어, 러시아어
종교	† 동방정교
정치체제	🏛 이원집정부제
독립	♀ 1991. 08. 24(구 소련)
외교관계(한국)	⚑ 1992. 02. 10
통화	$ 흐리브냐(Hryvnia)
타임존	◷ UTC+2
운전방향	◈ 오른쪽
국제전화	📞 +380
인터넷	🛜 .ua
전압	💡 220V, 50Hz
소켓타입	☺ C/F
제1도시	◼ 키예프(Kiev)
제2도시	▯ 하르키프(Kharkiv)
대표음식	🍴 보르쉬(Borscht), 바레니키(Varenyky)

이라크

Iraq
Republic of Iraq

빨간색, 흰색, 검은색으로 이루어진 수평 띠 중앙에 고대 아랍어 서체인 쿠픽(Kufic)체로 'Allahu Akbar(알라후 아크바르)'(신은 위대하다) 라는 타크비르(Takbir)가 녹색으로 쓰여있다. 피나는 투쟁을 통하여(빨간색), 과거의 억압(검은색)에서 벗어나, 밝은 미래(흰색)를 만드는 것을 상징한다. 이 세 가지 컬러는 범(汎)아랍 색상으로, 아랍 해방기(Arab Liberation Flag)에서 유래하였다. 이라크의 국가 문장(紋章)에는 '살라딘의 독수리'(Eagle of Saladin)가 있고, 가슴에는 방패 모양의 이라크 국기가 있다. 그 아래에는 아랍어로 '이라크 공화국'이라고 쓰여 있다. 살라딘(Saladin, 1137-93)은 12세기 십자군의 침입에 맞서 아랍을 지킨 영웅이다.

FACTS & FIGURES

위치	⊙ 중동 동경 44도, 북위 33도
국토면적(㎢)	438,317(한반도의 2배)
인구(명)	38,872,655
수도	바그다드(Baghdad)
민족구성(인종)	아랍(75%), 쿠르드(15%)
언어	아랍어, 쿠르드어
종교	이슬람교(98%, 국교)
정치체제	의원내각제
독립	1932. 10. 03(영국)
외교관계(한국)	1989. 07. 09
통화	이라크 디나르(Iraqi Dinar)
타임존	UTC+3
운전방향	오른쪽
국제전화	+964
인터넷	.iq
전압	230V, 50Hz
소켓타입	C/D/G
제1도시	바그다드(Baghdad)
제2도시	모술(Mosul)
대표음식	마스쿠프(Masgouf), 꾸지(Quzi)

이란

Iran

Islamic Republic of Iran

녹색, 흰색, 빨간색의 수평 띠로 이루어져 있으며, 국기 중앙에는 빨간색의 국가 문장(紋章)이 있다. 문장은 4개의 초승달과 1개의 칼로 '알라'(Allah) 글자를 튤립(Tulip)꽃으로 형상화한 것이다. 붉은 튤립은 국가를 위해 희생한 용사들이 묻힌 무덤에서 자란다는 고대 전설에서 기원하였으며, 그들을 추모하는 의미를 담고 있다. 녹색 띠와 빨간색 띠에는 각각 고대 아랍어 서체(쿠픽, Kufic)로 'Allahu Akbar(알라후 아크바르)'(신은 위대하다)가 11번 반복되고 있으며, 이를 합한 22(스물두 번)는 1979년 이란 혁명이 일어난 11번째 달의 22일을 상징한다. 녹색은 이슬람과 성장을, 흰색은 정직과 평화를, 빨간색은 용기와 순교를 상징한다.

FACTS & FIGURES

위치	⊚ 중동
	동경 53도, 북위 32도
국토면적(㎢)	🌐 1,648,195(한반도의 7.5배)
인구(명)	👫 84,923,314
수도	⊛ 테헤란(Tehran)
민족구성(인종)	🥧 페르시아(61%), 아제르바이잔(16%), 쿠르드(10%)
언어	🗛 페르시아어
종교	✝ 이슬람교(99.4%, 국교)
정치체제	🏛 국가최고지도자 하(下) 민선대통령 체제
독립	⚱ 1979. 04. 01(이란회교공화국 선포)
외교관계(한국)	🏳 1962. 10. 23
통화	💲 이란 리알(Iranian Rial)
타임존	🕓 UTC+3:30
운전방향	◈ 오른쪽
국제전화	📞 +98
인터넷	📶 .ir
전압	💡 220V, 50Hz
소켓타입	⊙ C/F
제1도시	■ 테헤란(Tehran)
제2도시	🔖 마슈하드(Mashhad)
대표음식	🍴 압구시트(Abgoosht), 첼로케밥(Chelow kabab)

이스라엘

Israel
State of Israel

흰색 바탕 위아래에는 파란색의 수평 띠가 있고, 중앙에는 '다윗의 별'(Star of David) 또는 '다윗의 방패'(Shield of David)라 불리는 6각 별이 있다. 흰색과 파란색은 유대인이 종교의식 때 사용하는 탈리트(Tallit)라고 하는 기도용 숄(Prayer Shawl)에서 유래하였다. 유대인을 상징하는 다윗의 별은 중세 체코(Czech)의 프라하(Prague)에서 처음 사용되었다. 국가 문장(紋章)의 하늘색 방패에는, 평화를 상징하는 올리브 가지 안에 유대교의 전통의식에 쓰이는 메노라(Menorah, 일곱 갈래의 촛대)가 있다. 메노라 아래에는 '이스라엘' 국명이 히브리어로 적혀 있다. 메노라는 3000년 동안 유대교의 상징으로 여겨져 왔으며, 고대 예루살렘 성전에서도 사용되었다.

FACTS & FIGURES

위치	◎	중동 동경 34도 45분, 북위 31도 30분
국토면적(㎢)	🌐	21,937(한반도의 1/10)
인구(명)	👫	8,675,475
수도	◉	예루살렘(Jerusalem)
민족구성(인종)	◕	유대인(74.4%), 아랍(20.9%)
언어	🅰	히브리어, 아랍어
종교	✝	유대교(74.3%), 이슬람교(17.8%)
정치체제	🏛	의원내각제
독립	⚱	1948. 05. 14(영국)
외교관계(한국)	⚑	1962. 04. 10
통화	$	이스라엘 신 셰켈(Israeli New Shekel)
타임존	◷	UTC+2
운전방향	◈	오른쪽
국제전화	☎	+972
인터넷	📶	.il
전압	💡	230V, 50Hz
소켓타입	☺	C/H/M
제1도시	📖	예루살렘(Jerusalem)
제2도시	🔖	텔아비브(Tel Aviv)
대표음식	🍴	파투쉬 샐러드(Fattoush Salad), 필로 바클라바(Filo Baklava)

예루살렘의 국제법적 지위에 대해 논란이 있으며, 미국 등 일부 국가의 대사관만 예루살렘에 소재하고 여타 국가들의 대사관은 텔아비브 또는 인근에 소재한다.

이집트

Egypt
Arab Republic of Egypt

'이집트혁명 깃발'을 모태로 한 빨간색, 흰색, 검은색의 수평 띠로 이루어진 삼색기 중앙에, 국가 문장(紋章, Coat of Arm, 국가의 상징 기호 또는 표식)인 '살라딘의 황금 독수리'(Golden Eagle of Saladin)가 깃대 쪽을 향해 바라보고 있다. 독수리의 가슴에는 이집트 국기가 그려진 방패가 있으며 그 아래에는 아랍어로 '이집트 아랍공화국'이라고 쓰여 있다. 압제(검은색)에 맞서 피나는 투쟁(빨간색)을 통해 밝은 미래(흰색)를 건설한다는 것을 상징한다. 살라딘(Saladin, 1137-93)은 12세기 십자군의 침입에 맞서 아랍을 지킨 영웅이다.

FACTS & FIGURES

위치	📍	북부 아프리카
		동경 30도, 북위 27도
국토면적(㎢)	🌐	1,001,450(한반도의 4.5배)
인구(명)	👫	104,124,440
수도	✪	카이로(Cairo)
민족구성(인종)	◓	이집트(99.7%)
언어	🗚	아랍어
종교	†	이슬람교(90%, 수니), 기독교(10%)
정치체제	🏛	대통령중심제
독립	⚲	1922. 02. 28(영국)
외교관계(한국)	🏳	1995. 04. 13
통화	$	이집트 파운드(Egyptian Pound)
타임존	🕐	UTC+2
운전방향	◇	오른쪽
국제전화	📞	+20
인터넷	📶	.eg
전압	💡	220V, 50Hz
소켓타입	☺	C/F
제1도시	■	카이로(Cairo)
제2도시	🔖	알렉산드리아(Alexandria)
대표음식	🍴	풀 메담메스(Ful Medames), 쿠샤리(Kushari)

이탈리아

Italy
Italian Republic

녹색, 흰색, 빨간색의 수직 띠로 이루어져 있으며, '트리꼴로레'(Tricolore, 삼색기)로 불리기도 한다. 1797년 나폴레옹(Napoleon)이 북부 이탈리아를 점령한 후 수립한 치스파다나 공화국(Cispadane Republic)의 깃발에서 유래하였으며, 북부의 밀라노(Milano) 깃발(빨간색, 흰색)과 밀라노 민병대의 복장(녹색)이 결합하여 만들어졌다. 국가 문장(紋章) 속에는 톱니바퀴와 빨간 테를 두른 흰색 '이탈리아의 별'(Stella d'Italia)이 있고, 그 주위를 올리브 가지(왼쪽)와 참나무 가지(오른쪽)가 감싸고 있다. 문장 아래의 빨간 스크롤에는 '이탈리아 공화국'이 쓰여 있다. 별은 이탈리아의 전통적인 상징이며, 톱니바퀴는 노동을, 올리브는 평화를, 참나무는 이탈리아의 역량과 존엄을 상징한다.

FACTS & FIGURES

위치	◎	남부 유럽
		동경 12도 50분, 북위 42도 50분
국토면적(㎢)	◉	301,340(한반도의 1.4배)
인구(명)	👫	62,402,659
수도	◉	로마(Rome)
민족구성(인종)	◖	이탈리아
언어	🗚	이탈리아어
종교	†	로마 가톨릭(83.3%)
정치체제	🏛	의원내각제
독립	♈	1861. 03. 17(이탈리아 왕국 선포)
외교관계(한국)	⚑	1956. 11. 24
통화	$	유로(Euro)
타임존	◷	UTC+1
운전방향	◈	오른쪽
국제전화	📞	+39
인터넷	📶	.it
전압	💡	230V, 50Hz
소켓타입	☺	C/F/L
제1도시	▮	로마(Rome)
제2도시	▯	밀라노(Milano)
대표음식	🍴	파스타(Pasta), 피자(Pizza), 폴렌타(Polenta)

인도

India
Republic of India

오렌지색, 흰색, 녹색으로 이루어진 수평 띠 중앙에 24개의 바퀏살이 있는 파란색의 차크라(Chakra, 산스크리트어로 '바퀴')가 있다. 차크라는 아소카(Ashoka Chakra) 왕의 사자상에 새겨져 있는 법륜(법의 수레바퀴, 法輪, Eternal wheel of law)에서 유래하였다. 오렌지색은 용기, 희생, 금욕정신을 표상하고, 흰색은 빛과 진리를, 녹색은 믿음과 풍요를 상징한다. 끊임없이 움직이는 차크라는 인도의 역동성과 중단 없는 전진, 그리고 평화로운 변화를 상징한다. 국가 문장(紋章)은 '아소카 왕의 사자상'을 형상화한 것으로, 서로 등을 맞대고 있는 세 마리 사자상이 말, 법륜, 황소가 있는 받침대 위에 서 있다. 문장 아래에는 인도의 모토이자 힌두교 경전(베다)의 문구인 '진실만이 승리한다'가 쓰여 있다.

FACTS & FIGURES

위치	⦿	남부 아시아
		동경 77도, 북위 20도
국토면적(㎢)	⊕	3,287,263(한반도의 15배)
인구(명)	⋔	1,326,093,247
수도	⦿	뉴델리(New Delhi)
민족구성(인종)	◕	인도-아리안(72%), 드라비다(25%)
언어	文A	영어, 힌두어(43.6%), 벵갈어(8%)
종교	†	힌두교(79.8%), 이슬람교(14.2%)
정치체제	🏛	의원내각제
독립	⚲	1947. 08. 15(영국)
외교관계(한국)	⚑	1973. 12. 10
통화	$	인도 루피(Indian Rupee)
타임존	⏲	UTC+5:30
운전방향	◇	왼쪽
국제전화	☎	+91
인터넷	⌢	.in
전압	⚲	230V, 50Hz
소켓타입	☺	C/D/M
제1도시	▮	뭄바이(Mumbai)
제2도시	⬚	델리(Delhi)
대표음식	⑂	바다 파브(Vada Pav), 벨푸리(Bhel Puri)
		키치리(Khichdi)

सत्यमेव जयते

인도네시아

Indonesia
Republic of Indonesia

빨간색과 흰색의 수평 띠로 구성되어 있으며, 13-15세기경 자바섬에 있던 마자파힛 왕국(Majapahit Empire)의 깃발에서 유래하였다. 빨간색은 용기를, 흰색은 순결을 상징한다. 인도네시아어로는 '상 사카 메라 푸티'(Sang Saka Merah Putih, 고귀한 빨간색과 흰색)라고 한다. 국가 문장(紋章) 속 가루다(Garuda)는 힌두교와 불교에 나오는 전설의 동물로, 최고의 신 비슈누(Vishnu)가 타는 새(Javan hawk-eagle)이다. 가슴의 방패에는 5대 건국 이념인 '판차실라'(Pancasila)를 상징하는 문양이 있다. 5각 별(신에 대한 믿음), 들소(민주주의), 반얀(Banyan Tree, 단결), 사슴(인본주의), 벼 이삭과 목화(사회정의)가 있으며, 하단에는 가루다가 '다양성 속의 통일'이라고 쓰여 있는 스크롤을 잡고 있다.

FACTS & FIGURES

위치	⊙	동남 아시아
		동경 120도, 남위 5도
국토면적(㎢)	⑤	1,904,569(한반도의 8.6배)
인구(명)	👫	267,026,366
수도	⊛	자카르타(Jakarta)
민족구성(인종)	◔	자바(40.1%), 순다(15.5%)
언어	🗚	인도네시아어
종교	†	이슬람교(87.2%), 기독교(7%)
정치체제	🏛	대통령중심제
독립	♕	1945. 08. 17(네덜란드)
외교관계(한국)	⚑	1973. 09. 17
통화	$	루피아(Rupiah)
타임존	⊙	UTC+7 ~ +9
운전방향	◈	왼쪽
국제전화	☎	+62
인터넷	🛜	.id
전압	⏻	110V/220V, 50Hz
소켓타입	☺	C/F
제1도시	▰	자카르타(Jakarta)
제2도시	⎁	수라바야(Surabaya)
대표음식	🍴	소토(Soto), 른당(Rendang), 나시고렝(Nasi Goreng)

일본

Japan

'히노마루'(日の丸, circle of the sun)로 부르는 일본기는 흰색 바탕에 태양을 상징하는 빨간색 원이 중앙에 있으며, 떠오르는 태양의 나라를 나타낸다. 국가 문장(紋章)에 관하여 일본 법규상 명확한 규정은 없지만, 전통적으로 일본 왕실이 사용하고 있는 국화문장(Chrysanthemum Seal, 菊紋)이 관례로 국가의 문장에 준하는 취급을 받고 있다. 중앙의 원을 중심으로 국화 꽃잎 16개가 있고, 그 뒤에도 16개의 꽃잎의 끝부분이 있다.

FACTS & FIGURES

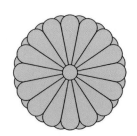

위치	⊙ 동북 아시아 동경 138도, 북위 36도
국토면적(㎢)	🌐 377,915(한반도의 1.7배)
인구(명)	👫 125,507,472
수도	🛡 도쿄(Tokyo)
민족구성(인종)	◔ 일본(98.1%), 중국(0.5%), 한국(0.4%)
언어	🗚 일본어
종교	✝ 신도(70.4%), 불교, 기독교(1.5%)
정치체제	🏛 의원내각제
독립	⚘ 1947. 05. 03(현행 헌법)
외교관계(한국)	⚑ 1965. 06. 22
통화	$ 엔(Yen)
타임존	🕐 UTC+9
운전방향	◈ 왼쪽
국제전화	📞 +81
인터넷	📶 .jp
전압	🔌 100V, 50Hz/60Hz
소켓타입	☺ A/B
제1도시	🔖 도쿄(Tokyo)
제2도시	🔖 요코하마(Yokohama)
대표음식	🍴 스시(Sushi)

자메이카

Jamaica

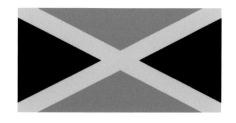

노란 십자 띠가 대각선으로 교차하여 4개의 삼각형을 만들고 있다. 위아래에는 녹색의 삼각형이, 좌우에는 검은색 삼각형이 있다. 녹색은 희망, 초목, 농업을 상징하며, 검은색은 극복하고 직면해야 할 고난을, 노란색은 황금빛 햇살과 자메이카의 천연자원을 상징한다. 국가 문장(紋章) 속, 흰색 방패에는 빨간색 십자가 있고 그 안에 다섯 개의 파인애플이 있다. 방패 위에는 헬멧과 장식 천(Mantling), 통나무와 악어가 있고, 방패 왼쪽에는 과일 바구니를 든 아라와크족(Taino Tribe) 여자가, 오른쪽에는 활을 든 아라와크족 남자가 있다. 문장 아래에는 자메이카의 모토인 '여럿이 모여 하나'(Out of Many, One People)가 쓰여있는 스크롤이 있다.

FACTS & FIGURES

위치	◎	중미 카리브
		서경 77도 30분, 북위 18도 15분
국토면적(㎢)	🌐	10,991(한반도의 1/20)
인구(명)	👥	2,808,570
수도	★	킹스톤(Kingston)
민족구성(인종)	🥧	흑인(92.1%), 혼혈(6.1%)
언어	🇦	영어, 크레올어
종교	†	기독교(64.8%)
정치체제	🏛	의원내각제
독립	🏆	1962. 08. 06(영국)
외교관계(한국)	🏳	1962. 08. 06
통화	$	자메이카 달러(Jamaican Dollar)
타임존	🕐	UTC-5
운전방향	◈	왼쪽
국제전화	📞	+1-876
인터넷	📶	.jm
전압	💡	110V, 50Hz
소켓타입	☺	A/B
제1도시	📗	킹스톤(Kingston)
제2도시	🔖	포트모어(Portmore)
대표음식	🍴	아키 아 살피시(Ackee and Saltfish)

잠비아

Zambia
Republic of Zambia

녹색 바탕의 오른쪽 하단에는 빨간색, 검은색, 오렌지색의 수직 띠가 있고, 그 위로 오렌지색 독수리가 날고 있다. 녹색은 국가의 천연자원과 초목을 상징하고, 빨간색은 자유를 위한 투쟁을, 검은색은 잠비아 사람을, 오렌지색은 풍부한 광물자원을 나타낸다. 독수리는 국가의 당면과제를 뛰어넘을 수 있는 사람들의 능력을 의미한다. 국가 문장(紋章)에는 잠비아 남녀가 잠베지강(Zambezi River, 아프리카에서 4번째로 긴 강)에 흐르는 빅토리아 폭포(Victoria Fall)를 상징하는 방패를 들고 있다. 방패 위에는 독수리와 채광용 공구가 있고, 아래에는 채광 공장(공업), 얼룩말(관광), 옥수수(농업)가 있다.

FACTS & FIGURES

위치	◎	남부 아프리카
		동경 30도, 남위 15도
국토면적(㎢)	◉	752,618(한반도의 3.4배)
인구(명)	⚕	17,426,623
수도	◉	루사카(Lusaka)
민족구성(인종)	◔	벰바(21%), 통가(13.6%), 체와(7.4%)
언어	🗛	영어, 벰바어
종교	†	기독교(75.3%), 로마 가톨릭(20.2%)
정치체제	🏛	대통령중심제
독립	⚲	1964. 10. 24(영국)
외교관계(한국)	⚐	1990. 09. 04
통화	$	잠비아 콰차(Zambian Kwacha)
타임존	◷	UTC+2
운전방향	◈	왼쪽
국제전화	☎	+260
인터넷	⌂	.zm
전압	ϙ	230V, 50Hz
소켓타입	☺	C/D/G
제1도시	▮	루사카(Lusaka)
제2도시	▯	키트웨(Kitwe)
대표음식	⑪	쉬마(Nshima)

적도기니

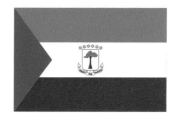

Equatorial Guinea
Republic of Equatorial Guinea

녹색, 흰색, 빨간색의 삼색으로 이루어진 수평 띠 중앙에는 국가 문장(紋章)이 있고, 왼쪽에는 파란색 이등변 삼각형이 있다. 문장(紋章)의 흰색 방패 안에는 판야 나무(Silk Cotton) 한 그루가 있고, 그 위에는 노란색 6각 별 여섯 개가 있다. 별은 본토와 5개의 주요 섬을 나타낸다. 방패 아래 스크롤에는 '단결, 평화, 정의'(Unidad, Paz, Justicia)가 스페인어로 쓰여 있다. 녹색은 정글과 천연자원을, 파란색은 본토와 섬을 연결하는 바다를, 흰색은 평화를, 빨간색은 독립을 위한 투쟁을 상징한다.

FACTS & FIGURES

위치	◎	중앙 아프리카 동경 10도, 북위 2도
국토면적(㎢)	🌐	28,051(한반도의 1/8)
인구(명)	👫	836,178
수도	◉	말라보(Malabo)
민족구성(인종)	◔	팡(85.7%), 부비(6.5%)
언어	🗚	스페인어(67.6%), 불어, 포르투갈어
종교	†	로마 가톨릭
정치체제	🏛	대통령중심제
독립	⚲	1968. 10. 12(스페인)
외교관계(한국)	⚑	1979. 09. 14
통화	$	세파 프랑(CFA Franc)
타임존	◔	UTC+1
운전방향	◈	오른쪽
국제전화	📞	+240
인터넷	📶	.gq
전압	💡	220V, 50Hz
소켓타입	☺	C/E
제1도시	📕	바타(Bata)
제2도시	🔖	말라보(Malabo)
대표음식	🍴	서코태시(Succotash)

조지아

Georgia

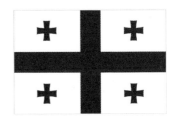

중세 조지아 왕국의 깃발에서 유래하였으며, 흰색 바탕에 국가의 이름이 유래된 성 게오르기우스(Saint George, 초기 교회의 순교자)의 빨간 십자가가 중앙에 있다. 네 개의 흰 직사각형 안에는 빨간색 작은 볼니시(Bolnisi) 십자가가 있고, 이는 5세기경 볼니시 마을의 '시오니 성당'(Bolnisi Sioni Cathedral)을 장식했던 변형 십자가로 조지아를 상징한다. 십자가가 5개 있어 'Five Cross Flag'라고도 한다. 국가 문장(紋章)의 빨간색 방패에는 말을 탄 성 게오르기우스가 창으로 용을 찔러 죽이고 있고, 이를 두 마리 사자가 들고 있다. 방패 위에는 금색 왕관이 있고, 아래에는 조지아의 모토인 '단결은 힘이다'가 조지아어로 쓰여 있다. 국가 문장은 중세 조지아의 바그라티오니(Bagrationi)가의 문장에서 유래하였다.

FACTS & FIGURES

위치	⊙	서남 아시아
		동경 43도 30분, 북위 42도
국토면적(㎢)	⊕	69,700(한반도의 1/3)
인구(명)	⋔	3,997,000
수도	⊛	트빌리시(Tbilisi)
민족구성(인종)	◔	조지아(86.8%)
언어	ⅩA	조지아어
종교	†	조지아 정교(83.4%), 이슬람교(10.7%)
정치체제	🏛	의원내각제
독립	♀	1991. 04. 09(구 소련)
외교관계(한국)	⊠	1992. 12. 14
통화	$	라리(Lari)
타임존	⊙	UTC+4
운전방향	◈	오른쪽
국제전화	☎	+995
인터넷	⊚	.ge
전압	⎈	220V, 50Hz
소켓타입	☺	C/F
제1도시	▮	트빌리시(Tbilisi)
제2도시	▯	바투미(Batumi)
대표음식	⊪	하차푸리(Khachapuri), 힝칼리(Khinkali)

중국

China

People's Republic of China

'오성홍기(五星紅旗)'라고 불리며, 빨간색 바탕에 큰 노란 별 하나와 작은 별 4개가 왼쪽 상단에서 큰 별을 중심으로 정렬해있다. 노란색은 밝은 미래를, 빨간색은 혁명을, 작은 별은 혁명 당시의 사회계층(노동자, 농민, 도시 부르주아, 자본주의자)을 상징한다. 중국 공산당을 상징하는 큰 별을 중심으로 모든 사회계층이 단결하여 발전해 가자는 것을 의미한다. 국가 문장(紋章)의 중앙에는 빨간색 바탕에 자금성의 출입구인 텐안먼(천안문, 1949년 마오쩌둥이 이곳에서 중화인민공화국의 건국을 선포했다)이 그려져 있고 그 위로 5개의 노란 별이 있다. 천안문 아래에는 톱니바퀴가 있고, 문장 주위를 벼 이삭(안쪽)과 밀 이삭(바깥쪽)이 둘러싸고 있다. 밀 이삭과 벼 이삭은 농민을, 톱니바퀴는 노동자를 상징한다.

FACTS & FIGURES

위치	📍	동북 아시아 동경 105도, 북위 35도
국토면적(㎢)	🌐	9,596,960(한반도의 44배)
인구(명)	👫	1,394,015,977
수도	⭐	베이징(Beijing)
민족구성(인종)	🥧	한족(91.6%), 56개 소수 민족
언어	🈯	중국어(만다린)
종교	✝	불교(18.2%), 무속신앙(21.9%), 기독교(5.1%)
정치체제	🏛	공산당 1당 체제
독립	🏆	1949. 10. 01(건국)
외교관계(한국)	🚩	1992. 08. 24
통화	💲	위안(Yuan)
타임존	🕐	UTC+8
운전방향	🧭	오른쪽
국제전화	📞	+86
인터넷	📶	.cn
전압	🔌	220V, 50Hz
소켓타입	🔲	A/C/I
제1도시	📑	상하이(Shanghai)
제2도시	🔖	베이징(Beijing)
대표음식	🍴	페킹덕(Peking Duck), 덤플링(Dumpling), 국수(Noodle)

중앙아프리카공화국

Central African Republic

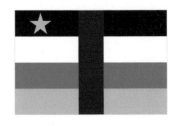

파란색(자유), 흰색(평화), 녹색(희망), 노란색(관용)의 수평 띠로 구성되어 있으며, 중앙에 빨간색(독립 투쟁에서 흘린 피) 수직 띠 한 개가 교차하고 있고, 깃대 쪽 상단에는 노란 5각 별이 하나 있다. 녹색-노란색의 범(汎)아프리카 색과 프랑스(유럽)를 상징하는 파란색-흰색 중앙을, 빨간색 띠가 공통으로 관통하는 구성은 아프리카와 유럽의 연대와 상호존중을 의미한다. 별은 국가의 밝은 미래를 향한 염원을 나타낸다. 국가 문장(紋章)의 방패에는 코끼리(자연), 바오밥 나무(국가의 근간), 손(집권당), 다이아몬드(천연자원)와 검은색 아프리카 지도 위에 놓인 노란 별이 있고, 그 좌우로 국기가 있다. 문장 위에는 떠오르는 태양이 있고, 스크롤에는 '모든 사람은 평등하다'(Zo Kwe Zo)가 상고어로 쓰여 있다.

FACTS & FIGURES

위치	📍 중앙 아프리카 동경 21도, 북위 7도
국토면적(㎢)	🌐 622,984(한반도의 2.8배)
인구(명)	👫 5,990,855
수도	🛡 방기(Bangui)
민족구성(인종)	🥧 바야(33%), 반다(27%), 만지아(13%), 사라(10%)
언어	🔤 불어, 상고어
종교	✝ 기독교(51%), 로마 가톨릭(29%), 이슬람교(10%)
정치체제	🏛 대통령중심제
독립	🏆 1960. 08. 13(프랑스)
외교관계(한국)	🚩 1963. 09. 05
통화	💲 세파 프랑(CFA Franc)
타임존	🕐 UTC+1
운전방향	◇ 오른쪽
국제전화	📞 +236
인터넷	📶 .cf
전압	💡 220V, 50Hz
소켓타입	☺ C/E
제1도시	🔖 방기(Bangui)
제2도시	🔖 빔보(Bimbo)
대표음식	🍴 푸푸(Fufu), 땅콩스프(Peanut Soup)

지부티

Djibouti
Republic of Djibouti

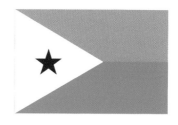

하늘색과 녹색의 색면이 수평으로 위아래에 있으며, 왼쪽에는 흰색 이등변 삼각형이 있다. 삼각형 안에는 빨간색 5각 별이 하나 있다. 하늘색은 바다와 하늘, 국가의 구성원인 이사(Issa)족과 소말리(Somali)족을 나타낸다. 녹색은 대지와 국가의 구성원인 아파르(Afar)족을 나타낸다. 흰색은 평화를, 빨간 별은 독립을 위한 투쟁과 국가의 단결을 나타낸다. 국가 문장(紋章)의 중앙에는 창(주권)과 방패(국토 수호), 지부티의 전통 칼을 든 두 손(문화와 국민의 연대)과 별이 있으며, 평화를 상징하는 월계수 가지가 이를 둘러싸고 있다.

FACTS & FIGURES

위치	◎	동부 아프리카
		동경 43도, 북위 11도 30분
국토면적(㎢)	◉	23,200(한반도의 1/10)
인구(명)	♟	921,804
수도	◉	지부티(Djibouti)
민족구성(인종)	◔	소말리(60%), 아파르(35%)
언어	文A	불어, 아랍어
종교	†	이슬람교(94%, 수니)
정치체제	⛫	대통령중심제
독립	⚐	1977. 06. 27(프랑스)
외교관계(한국)	⚑	1977. 12. 07
통화	$	지부티 프랑(Djibouti Franc)
타임존	◷	UTC+3
운전방향	◈	오른쪽
국제전화	☏	+253
인터넷	⌢	.dj
전압	☼	220V, 50Hz
소켓타입	☺	C/E
제1도시	▮	지부티(Djibouti)
제2도시	☐	알리 사비에(Ali Sabieh)
대표음식	♨	스쿠데카리스(Skoudekaris)

짐바브웨

Zimbabwe

Republic of Zimbabwe

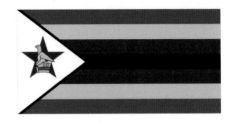

중앙의 검은 수평 띠를 기준으로, 녹색, 노란색, 빨간색의 수평 띠가 거울에 비친 듯이 위아래로 배치되어 있다. 왼쪽에는 흰 삼각형(평화)이 있고, 그 안에는 붉은 별과 '짐바브웨 새' 조각상이 있다. 새는 그레이트 짐바브웨(유적)에서 발견된 독수리로 짐바브웨의 오랜 역사를 나타내며, 국가의 상징이다. 붉은 별은 혁명과 자유를 위한 투쟁을, 녹색은 농업을, 노란색은 광물자원을, 빨간색은 독립 투쟁에서 흘린 피를, 검은색은 짐바브웨인을 상징한다. 국가 문장(紋章)에는 두 마리 영양(Kudu)이 그레이트 짐바브웨 유적과 물결이 그려진 녹색 방패를 들고 있고, 뒤에는 소총과 괭이가, 상단에는 빨간 별과 '짐바브웨 새'가 있다. 방패 아래에는 대표적 생산물인 밀, 목화, 옥수수가 있고, 스크롤에는 '단결, 자유, 일'이 적혀 있다.

위치	◎	남부 아프리카
		동경 30도, 남위 20도
국토면적(㎢)	⊕	390,757(한반도의 1.8배)
인구(명)	ⵗ	14,546,314
수도	⊛	하라레(Harare)
민족구성(인종)	◔	쇼나, 은데벨레 등
언어	㊐	영어, 쇼나어, 은데벨레어
종교	†	기독교(80.1%), 로마 가톨릭(7.3%)
정치체제	⛪	대통령중심제
독립	♔	1980. 04. 18(영국)
외교관계(한국)	⚑	1994. 11. 18
통화	$	미국 달러(US Dollar), 남아공 랜드(Land) 등 복수통화
타임존	◷	UTC+2
운전방향	◈	왼쪽
국제전화	☎	+263
인터넷	⌖	.zw
전압	♁	220V, 50Hz
소켓타입	☺	D/G
제1도시	▌	하라레(Harare)
제2도시	⌗	불라와요(Bulawayo)
대표음식	♈	사짜(Sadza, 우갈리)

차드

Chad
Republic of Chad

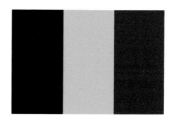

청색, 금색, 빨간색의 수직 띠로 구성되어 있으며, 청색과 빨간색은 프랑스 국기에서, 금색과 빨간색은 범(汎)아프리카 컬러에서 차용하였다. 청색은 희망, 하늘, 물이 풍부한 남부 지역을, 금색은 태양과 북부 지방의 사막을, 빨간색은 희생, 진보, 단결을 의미한다. 국가 문장(紋章)의 방패에는 차드 호수(Lake Chad)를 상징하는 파란색 물결무늬 위로 새로운 시작을 알리는 빨간색 태양이 떠오르고 있다. 문장의 좌우에는 염소(북부 지방)와 사자(남부 지방)가 방패를 들고 있고, 방패 아래에는 훈장과 차드의 모토인 '단결, 노동, 진보'(Unité, Travail, Progrès)가 불어로 쓰인 스크롤이 있다.

FACTS & FIGURES

위치	⊙	중앙 아프리카 동경 19도, 북위 15도
국토면적(㎢)	🌐	1,284,000(한반도의 6배)
인구(명)	👫	16,877,357
수도	⊛	은자메나(N'Djamena)
민족구성(인종)	◓	사라(30.5%), 아랍(9.7%)
언어	🔤	불어, 아랍어
종교	✝	이슬람교(52.1%), 기독교(23.9%)
정치체제	🏛	대통령중심제
독립	⚑	1960. 08. 11(프랑스)
외교관계(한국)	⚐	1961. 08. 06
통화	$	세파 프랑(CFA Franc)
타임존	🕐	UTC+1
운전방향	◈	오른쪽
국제전화	📞	+235
인터넷	📶	.td
전압	💡	220V, 50Hz
소켓타입	☉	C/D/E/F
제1도시	📗	은자메나(N'Djamena)
제2도시	🔖	문두(Moundou)
대표음식	🍴	불(Boule)

체코

Czechia
Czech Republic

흰색과 빨간색 색면이 수평으로 위아래에 있으며, 왼쪽에는 파란색 이등변 삼각형이 있다. 흰색과 빨간색은 체코 서부의 보헤미아 지역을 상징하며, 파란색은 체코 동부의 모라비아 지역을 나타낸다. 국가 문장(紋章)에는 체코를 구성하고 있는 세 지역을 나타내는 문양이 있다. 왼쪽 위와 오른쪽 아래에는 보헤미아(Bohemia, 빨간색 바탕에 금색 왕관을 쓴 꼬리 두 개 달린 은색 사자), 오른쪽 위에는 모라비아(Moravia, 파란색 바탕에 금색 왕관을 쓴 빨간색-은색의 체크 문양 독수리), 왼쪽 아래에는 실레시아(Silesia, 금색 바탕에 황금 왕관을 쓴 검은색 독수리)가 있다.

FACTS & FIGURES

위치	⊙ 중부 유럽
	동경 15도 30분, 북위 49도 45분
국토면적(㎢)	⑤ 78,867(한반도의 1/3)
인구(명)	ⅲ 10,702,498
수도	⊛ 프라하(Prague)
민족구성(인종)	◖ 체코(64.3%), 모라비안(5%)
언어	㊐A 체코어
종교	✝ 로마 가톨릭(10.4%), 없음(34.5%)
정치체제	⏛ 의원내각제
독립	⚑ 1993. 01. 01 (체코슬로바키아)
외교관계(한국)	⛿ 1990. 03. 22
통화	＄ 코루나(Koruna)
타임존	⊙ UTC+1
운전방향	◈ 오른쪽
국제전화	☎ +420
인터넷	⌢ .cz
전압	⚡ 230V, 50Hz
소켓타입	⊙ C/E
제1도시	▮ 프라하(Prague)
제2도시	⌗ 브르노(Brno)
대표음식	ⅲ 베프로 크네들로 젤로(Vepro Knedlo Zelo)

칠레

Chile
Republic of Chile

흰색과 빨간색의 수평 띠 왼쪽 위에, 파란 정사각형(Canton)이 있고, 그 안에 5각 별이 하나 있다. 별은 진보와 명예를 나타낸다. 파란색은 하늘과 태평양 바다를, 흰색은 눈 덮인 안데스(Andes)산맥을, 빨간색은 독립을 쟁취하는 데 흘린 피를 상징한다. 칠레 국기를 '고독한 별'(La Estrella Solitaire)이라고도 한다. 국가 문장(紋章)의 방패에는 빨간색, 파란색 바탕에 은색 별이 있다. 방패 위쪽에는 세 가지 색의 깃털 장식이 있고, 아래에는 페데스탈(Pedestal, 기둥, 동상 등의 받침대)이 있다. 문장의 좌우에는 왕관 쓴 안데스 사슴(Huemul)과 안데스 콘도르(Andean Condor)가 있다. 문장 하단의 스크롤에는 칠레의 모토인 '이성 또는 힘으로'(Por la Razón o la Fuerza)가 스페인어로 쓰여 있다.

FACTS & FIGURES

위치	◎	남아메리카 서경 71도, 남위 30도
국토면적(㎢)	◑	756,102(한반도의 3.4배)
인구(명)	♦♦	18,186,770
수도	◉	산티아고(Santiago)
민족구성(인종)	◗	백인계(88.9%), 마푸체(9.1%)
언어	㋥A	스페인어
종교	†	로마 가톨릭(66.7%), 기독교(16.4%)
정치체제	🏛	대통령중심제
독립	⚱	1810. 09. 18(스페인)
외교관계(한국)	⚑	1962. 04. 18
통화	$	칠레 페소(Chilean Peso)
타임존	◷	UTC-3 ~ -5
운전방향	◈	오른쪽
국제전화	☎	+56
인터넷	📶	.cl
전압	◔	220V, 50Hz
소켓타입	☺	C/L
제1도시	▮	산티아고(Santiago)
제2도시	🔖	발파라이소(Valparaiso)
대표음식	🍴	엠파나다(Empanada), 파스텔 데 초클로(Pastel de Choclo)

카메룬

Cameroon
Republic of Cameroon

녹색, 빨간색, 노란색의 수직 띠로 구성되어 있으며, 중앙에 노란 5각 별이 하나 있다. 빨간색은 단결을, 노란색은 행복과 태양, 북부의 대초원(Savannah)지대를, 녹색은 희망과 남부의 풍성한 삼림을 상징한다. 별은 통합을 의미한다. 국가 문장(紋章)의 방패에는 카메룬 국기가 그려져 있고, 그 위에 파란색의 카메룬 지도, 칼, 정의의 저울(Scales of Justice)이 있다. 방패 뒤에는 파스케스(속간, 束桿, Fasces, 고대 로마에서 도끼에 나무 막대를 여러 개 묶어 집정관의 권위를 상징)가 있다. 방패 위에는 국가의 모토인 '평화, 노동, 조국'이, 하단에는 '카메룬 공화국' 국명이 영어와 불어로 각각 쓰여있다.

FACTS & FIGURES

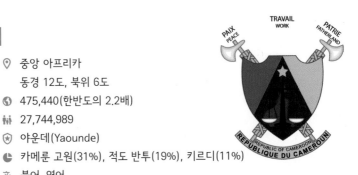

위치	⊙ 중앙 아프리카 동경 12도, 북위 6도
국토면적(㎢)	🌐 475,440(한반도의 2.2배)
인구(명)	👫 27,744,989
수도	⊛ 야운데(Yaounde)
민족구성(인종)	◔ 카메룬 고원(31%), 적도 반투(19%), 키르디(11%)
언어	🗛 불어, 영어
종교	✝ 로마가톨릭(38.4%), 기독교(26.3%), 이슬람교(20.9%)
정치체제	🏛 대통령중심제
독립	⚱ 1960. 01. 01(프랑스)
외교관계(한국)	⚑ 1961. 08. 10
통화	💲 세파 프랑(CFA Franc)
타임존	◷ UTC+1
운전방향	◈ 오른쪽
국제전화	📞 +237
인터넷	📶 .cm
전압	💡 220V, 50Hz
소켓타입	☺ C/E
제1도시	📕 두알라(Douala)
제2도시	🔖 야운데(Yaounde)
대표음식	🍴 은돌레(Ndolé)

카보베르데

Cabo Verde
Republic of Cabo Verde

파란색 바탕에 흰색, 빨간색, 흰색의 얇은 수평 띠가 있다. 수평 띠를 기준으로 약간 왼쪽에 치우친 10개의 노란색 5각 별이, 빨간색 띠를 중심으로 위아래에 각각 다섯 개씩 있다. 노란색 별은 나라를 구성하는 10개의 주요 섬을 의미한다. 파란색은 하늘과 바다를 의미하고, 수평 띠는 평화(흰색)와 노력(빨간색)을 통해 국가를 형성해 가는 길을 상징한다. 국가 문장(紋章)에는, 원을 중심으로 정의를 상징하는 추(위), 10개의 별, 야자나무 가지와 3개의 연결된 고리가 있다. 원 안의 삼각형에는 횃불이 있고, 그 주위에 '카보베르데 공화국'(República de Cabo Verde) 국명이 포르투갈어로 쓰여 있다. 횃불과 삼각형은 각각 자유와 국가의 단결을 의미한다.

FACTS & FIGURES

위치	◎	서부 아프리카
		서경 24도, 북위 16도
국토면적(㎢)	🌐	4,033(서울시의 6.6배)
인구(명)	👫	583,255
수도	⊛	프라이아(Praia)
민족구성(인종)	◓	크레올(71%), 아프리카(28%)
언어	🗚	포르투갈어
종교	✝	로마 가톨릭(77.3%)
정치체제	🏛	이원집정부제
독립	⚱	1975. 07. 05(포르투갈)
외교관계(한국)	🏳	1988. 10. 03
통화	💲	에스쿠도(Cabo Verde Escudo)
타임존	🕐	UTC-1
운전방향	◈	오른쪽
국제전화	📞	+238
인터넷	📶	.cv
전압	💡	220V, 50Hz
소켓타입	☺	C/F
제1도시	▮	프라이아(Praia)
제2도시	🏳	민델루(Mindelo)
대표음식	🍴	카추파(Cachupa)

카자흐스탄

Kazakhstan
Republic of Kazakhstan

하늘색 바탕에 태양을 등에 업고 하늘을 날고 있는 황금색 '초원수리'(Steppe Eagle)가 있다. 왼쪽에는 '산양의 뿔'을 형상화한 전통 무늬가 있고, 이는 갑골문자로 신(神)을 의미한다. 투르크 민족에게 종교적인 의미가 있는 하늘색은 끝없이 펼쳐진 하늘과 물, 평화와 자유, 구성원 간의 단결을 나타낸다. 태양은 부와 풍요로움을 의미하고, 곡식을 닮은 태양광선은 번영을 상징한다. 독수리는 국가의 독립과 힘, 미래로의 전진을 의미한다. 원형의 국가 문장(紋章)에는 하늘색 배경에 금색 햇살이 뻗어 있고, 중앙에는 전통 천막인 유르트(Yurt)의 지붕(샤니락, Shanyrak)이 그려져 있다. 상단에는 별이, 문장의 양쪽에는 툴파르(Tulpar, 날개 달린 말)가 있고, 문장 아래에는 키릴문자로 '카자흐스탄'이라고 적혀 있다.

FACTS & FIGURES

위치	⦿ 중앙 아시아 동경 68도, 북위 48도
국토면적(㎢)	🌍 2,724,900(한반도의 12배)
인구(명)	👫 19,091,949
수도	⊛ 누르술탄(Nur-Sultan)
민족구성(인종)	◓ 카자흐스탄(68%), 러시아(19.3%)
언어	🗛 카자흐스탄어, 러시아어
종교	† 이슬람교(70.2%), 러시아 정교(26.2%)
정치체제	🏛 대통령중심제
독립	⚱ 1991. 12. 16(구 소련)
외교관계(한국)	⚑ 1992. 01. 28
통화	$ 텡게(Tenge)
타임존	🕐 UTC+5 ~ +6
운전방향	◈ 오른쪽
국제전화	📞 +7
인터넷	📶 .kz
전압	💡 220V, 50Hz
소켓타입	☺ C/F
제1도시	▮ 알마티(Almaty)
제2도시	🔖 누르술탄(Nur-Sultan)
대표음식	🍴 베쉬바르막(Beshbarmak), 샬감(Shalgam)

카타르

Qatar
State of Qatar

흰색과 적갈색의 톱니가 서로 지그재그로 맞물려 있다. 적갈색은 카타르가 전쟁에서 흘린 피를 나타내고, 흰색은 평화를 상징한다. 19세기 초까지는 빨간색이었으나 시간이 지남에 따라 변하여, 현재의 적갈색이 되었다. 9개의 톱니 모서리는 카타르가 1916년 카타르-영국이 맺은 조약에 따라 영국의 보호령으로 편입된 9번째 토후국(土侯國, Emirate/Sheikdom, 영국의 보호 아래 세습제의 전제군주가 다스리는 나라)임을 상징한다. 국가 문장(紋章)에는 카타르국기를 형상화한 원이 있고, 그 테두리에는 아랍어로 된 '카타르국'과 'State of Qatar'가 적혀 있다. 노란 원에는 바다를 향해하는 이슬람 제국의 전통 다우배(Dhow), 야자나무가 있는 섬과 이를 보호하고 있는 교차된 칼이 있다.

FACTS & FIGURES

위치	◎	중동
		동경 51도 15분, 북위 25도 30분
국토면적(㎢)	◍	11,586(한반도의 1/20)
인구(명)	ⅲ	2,444,174
수도	✪	도하(Doha)
민족구성(인종)	◔	카타르(11.6%), 기타(88%)
언어	ⅩA	아랍어
종교	✝	이슬람교(67.7%), 기독교(13.8%), 힌두교(13.8%)
정치체제	⌂	절대군주제
독립	♔	1971. 09. 03(영국)
외교관계(한국)	⚑	1974. 04. 18
통화	$	카타르 리얄(Qatari Riyal)
타임존	◷	UTC+3
운전방향	◈	오른쪽
국제전화	☎	+974
인터넷	☞	.qa
전압	⚗	240V, 50Hz
소켓타입	☺	D/G
제1도시	▌	알라얀(Ar Rayyan)
제2도시	⬠	도하(Doha)
대표음식	ⅱ	마치부스(Machboos)

캄보디아

Cambodia
Kingdom of Cambodia

파란색, 빨간색, 파란색의 수평 띠 중앙에 캄보디아의 문화 유적인 앙코르와트(Angkor Wat) 사원이 있다. 빨간색과 파란색은 전통적인 캄보디아 색으로 수평 띠의 높이 비율은 1:2:1이다. 국가 문장(紋章)의 중앙에는, 왕관이 올려져 있는 안감이 파란 망토가 있고 그 안에 판(Phan)이라는 2단 받침대가 있으며 위에는 성스러운 칼과 옴(Aum or Om, 힌두교에서 유래한 거룩한 음절)을 상징하는 크메르 문자(Unalome)가 그려져 있다. 판 아래에는 훈장과 월계수 잎이 있다. 문장의 좌우에는 가자싱하(Gajasingha, 코끼리의 코를 가진 사자)와 싱하(Singha, 사자)가 왕과 왕비를 상징하는 우산을 들고 있다. 문장 아래의 파란 스크롤에는 '캄보디아 왕국의 지배자'라는 문구가 크메르어로 쓰여 있다.

FACTS & FIGURES

위치	동남 아시아 동경 105도, 북위 13도
국토면적(㎢)	181,035(한반도의 5/6)
인구(명)	16,926,984
수도	프놈펜(Phnom Penh)
민족구성(인종)	크메르족(97.6%)
언어	크메르어
종교	불교(97.9%)
정치체제	의원내각제
독립	1953. 11. 09(프랑스)
외교관계(한국)	1970. 08. 17
통화	리엘(Riel)
타임존	UTC+7
운전방향	오른쪽
국제전화	+855
인터넷	.kh
전압	230V, 50Hz
소켓타입	A/C/G
제1도시	프놈펜(Phnom Penh)
제2도시	칸달(kandal)
대표음식	아목 트레이(Amok Trey), 삼라르 카쿠(Samlar Kakou)

캐나다

Canada

흰색 사각형을 중심으로 좌우에 빨간 수직 띠가 나란히 있고, 중앙에는 캐나다의 상징이자 국토와 국민을 상징하는 빨간 단풍잎이 있다. 빨간색과 흰색은 각각 프랑스와 영국을 상징한다(십자군 전쟁 때, 프랑스군은 빨간색 십자가를, 영국군은 흰색 십자가로 서로를 구분하였다). 국가 문장(紋章)의 방패에는 빨간 바탕에 사자(3), 노란 바탕에 사자, 하프, 백합 문양, 단풍잎(3)이 있고, 그 주위를 '더 좋은 나라를 바란다'라는 캐나다 훈장의 표어가 둘러싸고 있다. 방패 위쪽에는 대관식용 왕관과 단풍잎을 든 사자(주권)가 있고, 방패 좌우에는 사자와 유니콘이 영국 국기와 백합 무늬 기를 들고 있다. 문장 하단의 파란 스크롤에는 캐나다의 모토인 '바다에서 바다로'(A Mari usque ad Mare)가 라틴어로 쓰여 있다.

FACTS & FIGURES

위치	📍	북아메리카 서경 95도, 북위 60도
국토면적(㎢)	💲	9,984,670(한반도의 45배)
인구(명)	👥	37,694,085
수도	⭐	오타와(Ottawa)
민족구성(인종)	🥧	캐나다(32.3%), 영국(32.2%), 프랑스(13.6%)
언어	🔤	영어(58.7%), 불어(22%)
종교	✝	로마 가톨릭(39%), 기독교(20.3%)
정치체제	🏛	의원내각제
독립	🏆	1867. 07. 01(영국)
외교관계(한국)	🚩	1963. 01. 14
통화	💲	캐나다 달러(Canadian Dollar)
타임존	🕐	UTC-3:30 ~ -8
운전방향	◇	오른쪽
국제전화	📞	+1
인터넷	📶	.ca
전압	💡	120V, 60Hz
소켓타입	🙂	A/B
제1도시	🔖	토론토(Toronto)
제2도시	🏳	몬트리올(Montreal)
대표음식	🍴	푸틴(Poutine), 너나이모바(Nanaimo bar), 버터 타르트(Butter Tart)

케냐

Kenya
Republic of Kenya

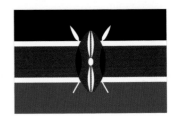

케냐 아프리카민족연합(KANU, Kenya African National Union)의 기를 기반으로 하고 있다. 검은색, 빨간색, 녹색의 수평 띠로 구성되어 있으며, 빨간 띠에는 흰 테두리가 있다. 중앙에는 마사이(Maasai) 전사의 방패와 두 개의 창이 교차하고 있다. 검은색은 흑인을, 빨간색은 자유를 얻는 투쟁에서 흘린 피를, 녹색은 자연 자원을, 흰색은 평화를 나타낸다. 방패와 교차한 창은 자유의 보호를 상징한다. 케냐 국기가 그려진 국가 문장(紋章) 속 방패에는 도끼를 든 수탉(번영)이 있고, 그 양쪽에는 사자가 창을 들고 있다. 문장 아래에는 케냐산을 배경으로 커피, 제충국(국화), 사이잘(Sisal), 차, 옥수수, 파인애플이 있다. 스크롤에는 케냐의 모토인 '함께 일하자'(Harambee)가 스와힐리어로 쓰여 있다.

FACTS & FIGURES

위치	◎	동부 아프리카
		동경 38도, 북위 1도
국토면적(㎢)	⑤	580,367(한반도의 2.6배)
인구(명)	⋔	53,527,936
수도	◉	나이로비(Nairobi)
민족구성(인종)	◔	키쿠유(17.1%), 루히아(14.3%), 칼렌진(13.4%) 등 40여 부족
언어	㊐	영어, 스와힐리어
종교	†	기독교(64.9%), 로마 가톨릭(20.6%), 이슬람교(10.9%)
정치체제	🏛	대통령중심제
독립	♀	1963. 12. 12(영국)
외교관계(한국)	⚑	1964. 02. 07
통화	$	케냐 실링(Kenyan Shilling)
타임존	◷	UTC+3
운전방향	◈	왼쪽
국제전화	☎	+254
인터넷	⌨	.ke
전압	🔌	240V, 50Hz
소켓타입	☺	G
제1도시	▮	나이로비(Nairobi)
제2도시	☐	몸바사(Mombasa)
대표음식	⑂	우갈리(Ugali), 수쿠마위키(Sukumawiki)

코모로

Comoros
Union of the Comoros

노란색, 흰색, 빨간색, 파란색의 수평 띠로 구성되어 있으며, 왼쪽에는 녹색의 이등변 삼각형이 있다. 삼각형 안에는 흰색의 초승달이 있고, 그 오른쪽에 흰색 5각 별 4개가 세로로 배열되어 있다. 4개의 수평 띠와 별은 코모로의 주요 섬인 음왈리, 응가지자, 은주와니, 마호레(Mahore)섬을 나타낸다. 마호레 섬은 코모로가 영유권을 주장하나, 프랑스가 실효적으로 점유하고 있다(프랑스명은 마요트(Mayotte)섬). 녹색과 초승달과 별은 이슬람교를 상징한다. 국가 문장(紋章)에는 4개의 흰 별이 있는 녹색 초승달과 빛나는 녹색 태양이 있다. 태양 위아래에는 국가명이 불어와 아랍어로 쓰여 있고, 그 주위를 올리브 가지가 감싸고 있다. 문장 아래에는 코모로의 모토인 '단결, 연대, 발전'이 불어로 쓰여있다.

FACTS & FIGURES

위치	📍	동부 아프리카
		동경 44도 15분, 남위 12도 10분
국토면적(㎢)	🌐	2,235(서울시의 3.7배)
인구(명)	👫	846,281
수도	✪	모로니(Moroni)
민족구성(인종)	🥧	안탈로테, 카프레, 마코아
언어	🗛	불어, 아랍어, 코모로어
종교	✝	이슬람교(98%, 수니)
정치체제	🏛	대통령중심제
독립	⚑	1975. 07. 06(프랑스)
외교관계(한국)	🏴	1979. 02. 19
통화	💲	코모로 프랑(Comorian Franc)
타임존	🕐	UTC+3
운전방향	◈	오른쪽
국제전화	📞	+269
인터넷	📶	.km
전압	💡	220V, 50Hz
소켓타입	☺	C/E
제1도시	📑	모로니(Moroni)
제2도시	🔖	무차무두(Mutsamudu)
대표음식	🍴	랑구스트(Langouste a la vanille)

코소보

Kosovo
Republic of Kosovo

짙은 파란색 바탕에 금색으로 된 코소보 영토가 중앙에 있다. 그 위로 흰색 5각 별 6개가 원호처럼 배열되어 있다. 별은 코소보를 구성하는 여섯 민족인 알바니아인, 세르비아인, 튀르크인, 고라니인, 롬인 및 보스니아인을 상징한다.

위치	⊙	동남 유럽
		동경 21도, 북위 42도 35분
국토면적(㎢)	◉	10,887(한반도의 1/20)
인구(명)	⩫	1,932,774
수도	◉	프리슈티나(Priština)
민족구성(인종)	◗	알바니아(92.9%), 세르비아(1.5%)
언어	文A	알바니아어
종교	†	이슬람교(95.6%), 로마 가톨릭(2.2%)
정치체제	🏛	의원내각제
독립	♔	2008. 02. 17(세르비아)
외교관계(한국)	⚐	2008. 03. 28
통화	$	유로(Euro)
타임존	◷	UTC+1
운전방향	◈	오른쪽
국제전화	☎	+383
인터넷	⧡	없음
전압	⚡	230V, 50Hz
소켓타입	☺	C/F
제1도시	◼	프리슈티나(Priština)
제2도시	▯	프리즈렌(Prizren)
대표음식	�🍴	플리야(Flija)

코스타리카

Costa Rica
Republic of Costa Rica

파란색, 흰색, 빨간색, 흰색, 파란색의 수평 띠로 이루어져 있으며, 빨간 띠 왼쪽 부분에는 국가 문장(紋章)이 들어 있는 흰 타원형이 있다. 1823-41년까지 과테말라, 니카라과, 엘살바도르, 온두라스와 함께 중앙아메리카 연방을 구성하여 하늘색-흰색-하늘색으로 이루어진 삼색기를 사용하다가 이후 빨간색을 추가하였다. 파란색은 하늘, 기회, 인내를, 흰색은 평화, 행복, 지혜를, 빨간색은 자유를 위해 흘린 피와 국민의 관용, 활력을 상징한다. 문장 중앙에는 연기가 피어오르는 세 개의 화산섬이 있고, 그 앞뒤로 태평양과 카리브해를 항해하는 코스타리카 범선이 있다. 수평선에는 태양이 떠오르고 있고 하늘에는 7개의 별(7개의 주)이 있다. 방패 테두리는 커피콩과 야자나무 잎으로 장식되어 있다.

위치	⊙ 중미 서경 84도, 북위 10도
국토면적(㎢)	🜨 51,100(한반도의 1/4)
인구(명)	👫 5,097,988
수도	⊛ 산호세(San José)
민족구성(인종)	◔ 백인-메스티조(83.6%), 물라토(6.7%)
언어	🗛 스페인어
종교	† 로마 가톨릭(71.8%), 기독교(14%)
정치체제	🏛 대통령중심제
독립	⚑ 1821. 09. 15(스페인)
외교관계(한국)	⚐ 1962. 08. 15
통화	$ 콜론(Colón)
타임존	◷ UTC-6
운전방향	◈ 오른쪽
국제전화	☎ +506
인터넷	📶 .cr
전압	⚡ 120V, 60Hz
소켓타입	☺ A/B
제1도시	▮ 산호세(San José)
제2도시	▯ 알라후엘라(Alajuela)
대표음식	🍴 가요핀토(Gallo Pinto)

코트디부아르

Cote d'Ivoire
Republic of Cote d'Ivoire

주황색, 흰색, 녹색의 수직 띠로 이루어져 있으며, 프랑스 국기의 수직 띠 구성을 차용하였다. 주황색은 북부 지방의 평야(사바나, Savannah)와 그 비옥함을, 흰색은 평화와 단결을, 녹색은 남부 지방의 숲과 밝은 미래에 대한 희망을 상징한다. 국가 문장(紋章) 중앙에 있는 녹색 방패에는, 은색 코끼리가 있고 그 뒤로 떠오르는 태양과 야자나무가 방패를 둘러싸고 있다. 코끼리는 코트디부아르를 상징하는 동물이며, 코트디부아르라는 국명은 '상아 해안'이라는 뜻에서 유래했다. 문장 아래의 스크롤에는 코트디부아르의 국가명이 불어(République de Côte d'Ivoire)로 쓰여 있다.

FACTS & FIGURES

위치	📍	서부 아프리카 서경 5도, 북위 8도
국토면적(㎢)	🌐	322,463(한반도의 1.4배)
인구(명)	👫	27,481,086
수도	⭐	야무수크로(Yamoussoukro)
민족구성(인종)	🥧	아칸(28.9%), 구르(16.1%), 북만데(14.5%)
언어	🈂	불어
종교	✝	이슬람교(42.9%), 로마 가톨릭(17.2%), 기독교(16.7%)
정치체제	🏛	대통령중심제
독립	🏆	1960. 08. 07(프랑스)
외교관계(한국)	🚩	1961. 07. 23
통화	💲	세파 프랑(CFA Franc)
타임존	🕐	UTC+0
운전방향	◈	오른쪽
국제전화	📞	+225
인터넷	📶	.ci
전압	💡	230V, 50Hz
소켓타입	☺	C/E
제1도시	📕	아비장(Abidjan)
제2도시	🔖	부아케(Bouaké)
대표음식	🍴	푸푸(Fufu), 케제누(Kedjenou)

콜롬비아

Colombia
Republic of Colombia

19세기의 '그란 콜롬비아'(Gran Colombia, 1819-31, 오늘날의 콜롬비아, 베네수엘라, 에콰도르)의 깃발을 모태로 노란색, 파란색, 빨간색의 수평 띠로 구성되어 있다. 노란색(자유)은 태양과 국토의 풍요로움을, 파란색(평등)은 하늘과 바다를, 빨간색(우애)은 자유를 얻는 투쟁에서 흘린 피를 상징한다. 국가 문장(紋章)의 방패에는 '풍요의 뿔'에서 나오는 금화, 각종 과일과 곡물, 석류가 있고, 자유를 상징하는 프리기아 모자와 파나마 해협을 사이에 두고 태평양과 대서양을 오가는 콜롬비아의 범선이 그려져 있다. 방패 좌우로 국기가 있고, 방패 위에는 올리브 가지를 물고 있는 콘도르(Condor)와 국가의 모토 '자유와 질서'(Libertad y Orden)가 쓰인 스크롤이 있다.

FACTS & FIGURES

위치	◉	남아메리카
		서경 72도, 북위 4도
국토면적(㎢)	ⓖ	1,138,910(한반도의 5배)
인구(명)	👫	49,084,841
수도	⊛	보고타(Bogota)
민족구성(인종)	◖	메스티조와 백인(87.6%), 아프로-콜롬비안(6.8%)
언어	🗛	스페인어
종교	✝	로마 가톨릭(79%), 기독교(14%)
정치체제	🏛	대통령중심제
독립	♉	1810. 07. 20(스페인)
외교관계(한국)	⚑	1962. 03. 10
통화	$	콜롬비아 페소(Colombian Peso)
타임존	◷	UTC-5
운전방향	◈	오른쪽
국제전화	📞	+57
인터넷	📶	.co
전압	⌁	110V, 60Hz
소켓타입	☺	A/B
제1도시	▮	보고타(Bogota)
제2도시	⌗	메데인(Medellin)
대표음식	🍴	산꼬쵸(Sancocho), 아히아꼬(Ajiaco)
		반데하 빠이사(Bandeja Paisa)

콩고

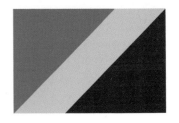

Congo(Brazzaville)
Republic of the Congo

노란색 띠가 왼쪽 아래에서부터 대각선으로 뻗어 있으며, 왼쪽 상단에는 녹색 삼각형이, 오른쪽 하단에는 빨간색 삼각형이 있다. 녹색은 농업과 풍요로운 삼림자원을, 노란색은 콩고인들의 우정과 고귀함을, 빨간색은 독립을 쟁취하기 위해 흘린 피를 상징한다. 녹색, 노란색, 빨간색은 범(汎)아프리카 색이다. 국가 문장(紋章) 속 노란색 방패에는, 녹색 물결을 배경으로 빨간색 사자가 횃불을 들고 서 있다. 방패 위에는 국가명이 쓰여 있는 왕관이 있고, 뒤에는 아프리카 코끼리 두 마리가 걷고 있다. 문장 아래의 스크롤에는 콩고공화국의 모토인 '단결, 노동, 진보'(Unité, Travail, Progrès)가 불어로 쓰여 있다.

FACTS & FIGURES

위치	⊙ 중앙 아프리카 동경 15도, 남위 1도
국토면적(㎢)	🌐 342,000(한반도의 1.5배)
인구(명)	👫 5,293,070
수도	⊛ 브라자빌(Brazzaville)
민족구성(인종)	◗ 콩고(40.5%), 테케(16.9%), 음보치(13.1%)
언어	🗚 불어, 링갈라어
종교	✝ 로마 가톨릭(33.1%), 기독교(20%)
정치체제	🏛 대통령중심제
독립	⚱ 1960. 08. 15(프랑스)
외교관계(한국)	⚑ 1961. 08. 21
통화	💲 세파 프랑(CFA Franc)
타임존	🕐 UTC+1
운전방향	⬦ 오른쪽
국제전화	📞 +242
인터넷	📶 .cg
전압	💡 230V, 50Hz
소켓타입	☺ C/E
제1도시	🔖 브라자빌(Brazzaville)
제2도시	🔖 푸앵트누아르(Pointe-Noire)
대표음식	🍴 무암베 치킨(Poulet Moambe), 풀레 야사(Poulet Yassa)

콩고민주공화국

Congo(Kinshasa)
Democratic Republic of the Congo

파란색 바탕에 얇은 노란 테두리가 있는 빨간색 띠가 왼쪽 아래에서 대각선으로 뻗어 있다. 깃대 쪽 왼쪽 상단에는 국가의 단결과 밝은 미래를 상징하는 노란색 5각 별이 있다. 파란색은 평화와 희망을, 빨간색은 국가를 위해 희생한 영웅들이 흘린 피를, 노란색은 국가의 부와 번영을 상징한다. 국가 문장(紋章)의 중앙에는 표범의 머리가 있고 왼쪽에는 코끼리 상아가, 오른쪽에는 창이 있다. 문장 아래의 빨간 스크롤에는 콩고민주공화국의 모토인 '정의, 평화, 노동'(Justice, Paix, Travail)이 불어로 쓰여 있다.

FACTS & FIGURES

위치	📍	중앙 아프리카 동경 25도
국토면적(㎢)	🌐	2,344,858(한반도의 11배)
인구(명)	👫	101,780,263
수도	⭐	킨샤사(Kinshasa)
민족구성(인종)	🥧	반투(45%), 200여 부족
언어	🗛	불어, 링갈라어
종교	✝	기독교(64%), 로마 가톨릭(29.7%)
정치체제	🏛	대통령중심제
독립	🏆	1960. 06. 30(벨기에)
외교관계(한국)	🚩	1963. 04. 01
통화	💲	콩고 프랑(Congolese Franc)
타임존	🕐	UTC+1~ +2
운전방향	◈	오른쪽
국제전화	📞	+243
인터넷	📶	.cd
전압	💡	220V, 50Hz
소켓타입	☺	C/D/E
제1도시	📗	킨샤사(Kinshasa)
제2도시	🔖	루붐바시(Lubumbashi)
대표음식	🍴	무암베 치킨(Poulet Moambe), 푸푸(Fufu)

쿠바

Cuba
Republic of Cuba

파란색(3)과 흰색(2)의 수평 띠로 이루어져 있으며, 왼쪽에는 빨간 정삼각형과 흰색 5각 별이 있다. 파란색 띠는 초기 쿠바를 구성하던 서부, 중부, 동부 지역을, 흰색 띠는 독립의 순수성을, 빨간색은 독립 투쟁에서 흘린 피를 상징한다. 삼각형은 자유, 평등, 우애를 의미하고, 고독한 별이라고 불리는 흰색 별(Estrella Solitaria)은 자유로 가는 길(독립)을 밝히고 있다. 국가 문장(紋章)의 방패에는, 파란 바다 위로 붉은 태양이 떠오르고, 두 개의 육지 사이에 열쇠(쿠바의 지리적 위치)가 있다. 그 아래에는 쿠바 국기와 쿠바를 상징하는 야자나무가 있다. 방패 위에는 자유를 상징하는 프리기아 모자가 있고, 왼쪽의 참나무(힘) 가지와 오른쪽의 월계수(명예와 영광) 가지가 방패를 둘러싸고 있다.

FACTS & FIGURES

위치	⊙ 중미 카리브 서경 80도, 북위 21도 30분
국토면적(㎢)	⊕ 110,860(한반도의 1/2)
인구(명)	ⅲ 11,059,062
수도	⊛ 아바나(Havana)
민족구성(인종)	◔ 백인(64.1%), 물라토(26.6%), 흑인(9.3%)
언어	文A 스페인어
종교	† 로마 가톨릭(60%), 토속종교(17%)
정치체제	⊞ 공산당 1당 체제
독립	⚲ 1902. 05. 20(미국)
외교관계(한국)	⚑ 1949. 07. 12
통화	$ 쿠바 페소(Cuban Peso)
타임존	⊘ UTC-5
운전방향	◈ 오른쪽
국제전화	☏ +53
인터넷	⧙ .cu
전압	⚡ 110V, 60Hz
소켓타입	⊙ A/B
제1도시	▮ 아바나(Havana)
제2도시	⛉ 산티아고 데 쿠바(Santiago de Cuba)
대표음식	ⅲ 로빠비에하(Ropa Vieja), 모로스 이 크리스티아노스(Moros y Cristianos)

쿠웨이트

Kuwait
State of Kuwait

녹색, 흰색, 빨간색의 수평 띠로 이루어져 있으며, 왼쪽에는 검은색 사다리꼴이 있다. 오스만 제국 (Ottoman Empire)에서 독립 투쟁을 한 1916년 '아랍 혁명'(The Arab Revolt) 기에서 유래하였다. 녹색은 비옥한 들판을 나타내고, 흰색은 순결과 행동을, 빨간색은 칼(Shiv)에 묻은 피를, 검은색은 전쟁에서의 적의 패배를 상징한다. 국가 문장(紋章) 속, 지구를 상징하는 원에는 바다를 항해하는 쿠웨이트 범선(다우 배, Dhow)이 있으며, 그 위에는 아랍어로 '쿠웨이트국'이라고 쓰여 있다. '쿠라이시족의 매'(Hawk of Quraish)의 금색 날개로 원을 감싸고 있으며, 매의 가슴에는 쿠웨이트 국기를 형상화한 방패가 있다. 쿠라이시족은 이슬람교의 창시자이자 예언자인 무함마드의 부족이다.

FACTS & FIGURES

위치	◉	중동 동경 45도 45분, 북위 29도 30분
국토면적(㎢)	◍	17,818(한반도의 1/12)
인구(명)	👫	2,993,706
수도	⊛	쿠웨이트 시티(Kuwait City)
민족구성(인종)	◖	쿠웨이트(30.4%), 아랍(27.4%), 아시아(40.3%)
언어	🗚	아랍어
종교	✝	이슬람교(74.6%, 국교), 기독교(18.2%)
정치체제	🏛	입헌군주제
독립	⚇	1961. 06. 19(영국)
외교관계(한국)	⚑	1979. 06. 11
통화	$	쿠웨이트 디나르(Kuwaiti Dinar)
타임존	◷	UTC+3
운전방향	◈	오른쪽
국제전화	☎	+965
인터넷	🛜	.kw
전압	💡	240V, 50Hz
소켓타입	☺	C/G/M
제1도시	▮	하왈리(Hawalli)
제2도시	🔖	알파르와니야(Al Farwaniyah)
대표음식	🍴	마치부스(Machboos), 므라브얀(Murabyan)

크로아티아

Croatia
Republic of Croatia

빨간색, 흰색, 파란색으로 이루어진 수평 띠 중앙에는 방패 모양의 크로아티아 국가 문장(紋章)이 있다. 빨간색(13개)과 흰색(12개)의 체크무늬로 채워진 방패 상단에는 왕관 모양의 작은 방패 5개가 있다. 각각의 작은 방패들은(왼쪽부터) 옛 크로아티아의 주요 지역인 크로아티아(Croatia), 두브로브니크(Dubrovnik), 달마티아(Dalmatia), 이스트리아(Istria), 슬라보니아(Slavonia)를 나타낸다. 빨간색, 흰색, 파란색은 19세기 러시아 국기에서 유래된 범(汎)슬라브 색이다.

FACTS & FIGURES

위치	⊙ 동남 유럽
	동경 15도 30분, 북위 45도 10분
국토면적(㎢)	🌐 56,594(한반도의 1/4)
인구(명)	👥 4,227,746
수도	🛡 자그레브(Zagreb)
민족구성(인종)	🥧 크로아티아(90.4%), 세르비아(4.4%)
언어	🗛 크로아티아어
종교	✝ 로마 가톨릭(86.3%)
정치체제	🏛 의원내각제
독립	⚱ 1991. 06. 25(구 유고슬라비아)
외교관계(한국)	🏳 1992. 11. 18
통화	💲 쿠나(Kuna)
타임존	🕐 UTC+1
운전방향	◈ 오른쪽
국제전화	📞 +385
인터넷	📶 .hr
전압	💡 230V, 50Hz
소켓타입	☺ C/F
제1도시	🔖 자그레브(Zagreb)
제2도시	🔖 스플리트(Split)
대표음식	🍽 자고르스키 쉬트루클리(Zagorski Štrukli), 밀린치(Mlinci)

키르기스스탄

Kyrgyzstan
Kyrgyz Republic

빨간색 바탕에 노란 태양이 있고, 그 주위로 40개의 키르기스스탄 부족을 상징하는 40개의 태양 광선이 빛나고 있다. 태양 안에는 빨간색 원과 3줄로 이루어진 두 세트의 선들이 교차하고 있는데, 이는 유목민이 사용했던 전통 천막인 유르트(Yurt)의 지붕(툰둑, Tunduk)을 형상화한 것이다. 빨간색은 용기와 용맹을 상징하고, 태양은 평화와 부를 의미한다. 키르기스스탄의 국가 문장(紋章)은 그들의 정신과 문화와 자연을 담고 있다. 파란색 원 안에는 톈산산맥(天山, Tian Shan)과 이식쿨(Issyk-Kul) 호수, 떠오르는 태양과 그 빛, 날개를 펼친 은색 매가 있다. 이를 밀과 목화 문양이 감싸고 있으며, 문장의 위아래에는 각각 '키르기스', '공화국'이라는 글자가 키르기스어로 쓰여 있다.

FACTS & FIGURES

위치	📍	중앙 아시아
		동경 75도, 북위 41도
국토면적(㎢)	🌐	199,951(한반도의 9/10)
인구(명)	👫	5,964,897
수도	🛡	비슈케크(Bishkek)
민족구성(인종)	🥧	키르기스스탄(73.5%), 우즈베키스탄(14.7%), 러시아(5.5%)
언어	🗚	키르기스스탄어, 러시아어
종교	✝	이슬람교(90%)
정치체제	🏛	의원내각제
독립	🏆	1991. 08. 31(구 소련)
외교관계(한국)	🚩	1992. 01. 31
통화	💲	키르기스스탄 솜(Kyrgyz Som)
타임존	🕐	UTC+6
운전방향	◈	오른쪽
국제전화	📞	+996
인터넷	📶	.kg
전압	💡	220V, 50Hz
소켓타입	🙂	C/F
제1도시	🔖	비슈케크(Bishkek)
제2도시	🔖	오시(Osh)
대표음식	🍴	베쉬바르막(Beshbarmak), 쿠르닥(Kuurdak)

키리바시

Kiribati
Republic of Kiribati

국기 상단에는 빨간색 바탕에 떠오르는 태양 위로 노란 군함새(Frigatebird)가 날고 있고, 하단에는 태평양을 상징하는 파란색 바탕에 물결 모양의 흰색 수평 줄무늬가 있다. 세 개의 흰색 줄무늬는 키리바시를 구성하는 길버트(Gilbert) 제도, 라인(Line) 제도, 피닉스(Pheonex) 제도를 의미한다. 반쯤 떠오른 태양은 적도에 걸쳐있는 키리바시의 위치를 나타내고, 17개의 태양광선은 길버트 제도를 구성하는 16개의 섬과 바나바(Banaba) 섬을 나타낸다. 군함새는 권위와 자유를 상징한다. 국가 문장(紋章) 아래에 있는 노란 스크롤에는 키리바시의 모토인 '건강, 평화, 번영'(Te Mauri Te Raoi Ao Te Tabomoa)이 키리바시어로 쓰여 있다.

FACTS & FIGURES

위치	◎	오세아니아
		동경 173도, 북위 1도 25분
국토면적(㎢)	🌐	811(서울시의 1.3배)
인구(명)	👫	111,796
수도	✪	타라와(Tarawa)
민족구성(인종)	◕	키리바시(96.2%)
언어	🈁	영어, 키리바시어
종교	†	로마 가톨릭(57.3%), 기독교(31.3%)
정치체제	🏛	대통령중심제
독립	⚱	1979. 07. 12(영국)
외교관계(한국)	🏳	1980. 05. 02
통화	$	호주 달러(Australian Dollar)
타임존	◎	UTC+12 ~ +14
운전방향	◇	왼쪽
국제전화	☎	+686
인터넷	📶	.ki
전압	💡	240V, 50Hz
소켓타입	☺	I
제1도시	🔖	타라와(Tarawa)
제2도시	🔖	비케니베우(Bikenibeu)
대표음식	🍴	팔루사미(Palusami)

타이

Thailand
Kingdom of Thailand

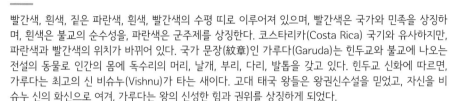

빨간색, 흰색, 짙은 파란색, 흰색, 빨간색의 수평 띠로 이루어져 있으며, 빨간색은 국가와 민족을 상징하며, 흰색은 불교의 순수성을, 파란색은 군주제를 상징한다. 코스타리카(Costa Rica) 국기와 유사하지만, 파란색과 빨간색의 위치가 바뀌어 있다. 국가 문장(紋章)인 가루다(Garuda)는 힌두교와 불교에 나오는 전설의 동물로 인간의 몸에 독수리의 머리, 날개, 부리, 다리, 발톱을 갖고 있다. 힌두교 신화에 따르면, 가루다는 최고의 신 비슈누(Vishnu)가 타는 새이다. 고대 태국 왕들은 왕권신수설을 믿었고, 자신을 비슈누 신의 화신으로 여겨, 가루다는 왕의 신성한 힘과 권위를 상징하게 되었다.

FACTS & FIGURES

위치	◎	동남 아시아 동경 100도, 북위 15도
국토면적(㎢)	⑤	513,120(한반도의 2.3배)
인구(명)	♟	68,977,400
수도	⊛	방콕(Bangkok)
민족구성(인종)	◔	타이(97.5%), 버마(1.3%)
언어	ⓧA	타이어
종교	†	불교(94.6%), 이슬람교(4.3%)
정치체제	⊞	의원내각제
독립	♔	1238(건국)
외교관계(한국)	⚑	1958. 10. 01
통화	$	타이 바트(Thai Baht)
타임존	◷	UTC+7
운전방향	◈	왼쪽
국제전화	☏	+66
인터넷	⌘	.th
전압	⚡	220V, 50Hz
소켓타입	☺	A/B/C/F
제1도시	▮	방콕(Bangkok)
제2도시	⚑	논타부리(Nonthaburi)
대표음식	¶¶	팟타이(Pad thai), 똠얌꿍(Tom yum kung), 쏨 땀(Somtam)

타이완

Taiwan

빨간색 바탕에 왼쪽 상단에는 파란색 직사각형이 있고 그 안에 흰색 태양이 12개의 광선으로 빛나고 있다. '청천백일기'(青天白日旗, Blue Sky with a White Sun)라고 불리는 파란 바탕에 흰 태양이 있는 디자인은, 1895년 쑨원이 조직한 흥중회(興中會, Society for Regenerating China)의 깃발로 사용되었고, 후일 국민당의 당기로 이용되다가 타이완의 국기에 채택되었다. 파란색은 자유, 정의, 민주주의를, 빨간색은 우애, 희생, 민족주의를, 그리고 흰색은 평등과 민생을 상징한다. 태양의 12 광선은 1년 12달을 형상화하여 끊임없이 전진하는 것을 나타낸다. 오세아니아의 사모아(Samoa) 국기와 유사하다.

FACTS & FIGURES

위치	⊙ 동북 아시아 동경 121도, 북위 23도 30분
국토면적(㎢)	🌐 35,980(한반도의 1/6)
인구(명)	👫 23,603,049
수도	⊙ 타이베이(Taipei, 臺北)
민족구성(인종)	◓ 한족(95%), 말레이-폴리네시아(2.3%)
언어	🅰 중국어(만다린), 민난어
종교	† 불교(35.3%), 도교(33.2%), 기독교(3.9%)
정치체제	🏛 이원집정부제
독립	♀ 1945. 10. 25(일본)
외교관계(한국)	🏳 1993. 07
통화	$ 신 타이완 달러(New Taiwan Dollar)
타임존	🕐 UTC+8
운전방향	◈ 오른쪽
국제전화	📞 +886
인터넷	📶 .tw
전압	🔌 110V, 60Hz
소켓타입	☺ A/B
제1도시	📕 타이베이(Taipei, 臺北)
제2도시	🔖 타이중(Taizhong)
대표음식	🍴 뉴러우멘(Beef Noodle Soup), 루러우판(Minced port rice)

타지키스탄

Tajikistan
Republic of Tajikistan

빨간색, 흰색, 녹색의 수평 띠로 이루어져 있으며, 중앙에는 노란 5각 별 일곱 개가 금색 왕관 위에 있다. 빨간색은 태양, 승리, 국가의 단결을 상징하며, 흰색은 순수, 국가의 주산물인 면화, 산에 쌓인 만년설을, 녹색은 이슬람과 자연의 풍요로움을 상징한다. 왕관은 타지키스탄 사람을 상징하고(페르시아어로 'Taj'는 왕관을 뜻한다), 7개의 별은 완벽함과 행복의 숫자 '7'을 의미한다. 국가 문장(紋章)의 중앙에는 파미르 산(Pamir Mountains) 위로 태양이 떠오르고, 그 위로 7개의 별과 왕관이 있다. 이를 면화와 밀이 타지키스탄 국기를 형상화한 리본에 묶여 둘러싸고 있고, 문장 아래에는 책이 펼쳐져 있다.

FACTS & FIGURES

위치	⊙	중앙 아시아
		동경 71도, 북위 39도
국토면적(㎢)	🌐	144,100(한반도의 2/3)
인구(명)	👫	8,873,669
수도	⊛	두샨베(Dushanbe)
민족구성(인종)	◕	타지키스탄(84.3%), 우즈베키스탄(13.8%)
언어	🗛	타지키스탄어, 러시아어
종교	†	이슬람교(98%, 수니)
정치체제	🏛	대통령중심제
독립	⚑	1991. 09. 09(구 소련)
외교관계(한국)	⚐	1992. 04. 27
통화	⑂	타지키스탄 소모니(Tajikistani Somoni)
타임존	⊙	UTC+5
운전방향	◈	오른쪽
국제전화	☎	+992
인터넷	📶	.tj
전압	💡	220V, 50Hz
소켓타입	☺	C/F/I
제1도시	▮	두샨베(Dushanbe)
제2도시	🔖	후잔트(Khujand)
대표음식	🍴	오쉬(O'sh, 필라프)

탄자니아

Tanzania
United Republic of Tanzania

노란색 경계선이 있는 검은색 띠가 왼쪽 아래에서부터 대각선으로 뻗어 있다. 왼쪽 위에는 녹색 삼각형이, 오른쪽 아래에는 파란색 삼각형이 있다. 탄자니아는 탕가니카(Tanganyika)와 잔지바르(Zanzibar)가 합쳐진 국가로, 이전 두 나라의 국기가 합쳐졌다. 녹색은 탄자니아의 초목을, 노란색은 풍부한 광물자원을, 검은색은 스와힐리 사람을, 파란색은 수많은 호수와 강 그리고 인도양을 나타낸다. 국가 문장(紋章) 속 방패에는 횃불과 탄자니아 국기, 빨간색 바탕과 물결무늬 위에 도끼와 창이 놓여 있으며, 이를 코끼리 상아를 든 남녀가 잡고 있다. 방패 아래에는 정향나무(남자 발밑)와 목화(여자 발밑)가 킬리만자로산(Kilimanjaro) 위에 있으며, 스크롤에는 '자유와 단결'이 스와힐리어로 쓰여 있다.

FACTS & FIGURES

위치	◉	동부 아프리카
		동경 35도, 남위 6도
국토면적(㎢)	🌐	947,300(한반도의 4.3배)
인구(명)	👫	58,552,845
수도	◉	다르에스살람(Dar es Salaam, 행정수도), 도도마(Dodoma, 입법수도)
민족구성(인종)	◕	아프리카(반투 등)
언어	🗚	스와힐리어, 영어
종교	✝	기독교(61.4%), 이슬람교(35.2%)
정치체제	🏛	대통령중심제
독립	⚘	1964. 04. 26(탕가니카-잔지바르 합병)
외교관계(한국)	⚐	1992. 04. 30
통화	$	탄자니아 실링(Tanzanian Shilling)
타임존	◷	UTC+3
운전방향	◈	왼쪽
국제전화	☎	+255
인터넷	📶	.tz
전압	🔌	230V, 50Hz
소켓타입	☺	D/G
제1도시	🔖	다르에스살람(Dar es Salaam)
제2도시	🔖	므완자(Mwanza)
대표음식	🍴	우갈리(Ugali)

터키

Turkey
Republic of Turkey

빨간색 바탕에 흰 초승달이 있고, 그 오른쪽에 작은 5각 별이 하나 있는 터키 국기는 오스만 제국 (Ottoman Empire)의 깃발에서 유래하였으며, '알 바이락'(Al Bayrak, 빨간 깃발)으로 불린다. 초승달과 별(Star and Crescent)은 이슬람의 전통적인 상징으로, 1398년 세르비아 왕국과 오스만 제국 사이에 벌어진 치열한 '코소보 전투'가 끝난 후, 오스만 전사들의 피로 뒤덮인 붉은 들판에 비친 달과 별에서 기원한다는 등 관련된 전설이 여럿 있다. '초승달과 별'은 터키인을 상징하는 아이콘으로 '아이 일디즈'(Ay Yildiz, 달과 별)라 부르기도 한다. 공식적인 국가 문장(紋章)은 없으나, 실질적으로 초승달과 별을 사용한다.

FACTS & FIGURES

위치	⊙ 동남 유럽
	동경 35도, 북위 39도
국토면적(㎢)	🌐 783,562(한반도의 3.6배)
인구(명)	👫 82,017,514
수도	⊛ 앙카라(Ankara)
민족구성(인종)	◔ 터키(75%), 쿠르드(19%)
언어	㊀ 터키어
종교	† 이슬람교(99.8%, 수니)
정치체제	🏛 대통령중심제
독립	⚲ 1923. 10. 29(공화국 선포)
외교관계(한국)	⚐ 1957. 03. 08
통화	$ 터키 리라(Turkish Lira)
타임존	◷ UTC+3
운전방향	◈ 오른쪽
국제전화	☎ +90
인터넷	⊚ .tr
전압	⚡ 220V, 50Hz
소켓타입	☺ C/F
제1도시	▌ 이스탄불(Istanbul)
제2도시	⎙ 앙카라(Ankara)
대표음식	¶¶ 되네르(Döner), 카흐발트(Kahvalti), 로쿰(Lokum)

토고

Togo
Togolese Republic

녹색과 노란색이 교차하는 다섯 개의 수평 띠로 구성되어 있으며, 왼쪽 상단에는 빨간 정사각형이 있고, 그 안에는 흰색 별이 있다. 5개의 수평 띠는 토고의 다섯 지역을 나타낸다. 빨간색은 충성심과 애국심을, 녹색은 희망, 풍요, 농업을 상징한다. 노란색은 풍부한 광물자원과 근면함, 힘이 번영을 가져다줄 것이라는 믿음을 나타낸다. 흰색은 희망과 평화를, 별은 토고의 독립을 상징한다. 범(汎)아프리카 색인 에티오피아(Ethiopia) 국기의 삼색을 사용했으며, 디자인은 라이베리아 국기와 비슷하다. 계란형의 국가 문장(紋章) 안에는 활과 화살을 든 붉은 사자, 국기, 'RT'가 적힌 노란 방패(République Togolaise, 토고 공화국의 약자)가 있으며, 흰색 스크롤에는 토고의 모토 '노동, 자유, 조국'이 쓰여 있다.

FACTS & FIGURES

위치	📍	서부 아프리카
		동경 1도 10분, 북위 8도
국토면적(㎢)	🌐	56,785(한반도의 1/4)
인구(명)	👥	8,608,444
수도	🛡	로메(Lomé)
민족구성(인종)	🥧	에웨/미나(42.4%), 카비에/템(25.9%)
언어	🗛	불어, 에웨어, 미나어
종교	✝	기독교(43.7%), 토속신앙(35.6%), 이슬람교(14%)
정치체제	🏛	대통령중심제
독립	⚘	1960. 04. 27(신탁통치-프랑스)
외교관계(한국)	🚩	1963. 07. 26
통화	💲	세파 프랑(CFA Franc)
타임존	🕐	UTC+0
운전방향	◈	오른쪽
국제전화	📞	+228
인터넷	📶	.tg
전압	🔌	220V, 50Hz
소켓타입	☺	C
제1도시	🔖	로메(Lomé)
제2도시	🏷	카라(Kara)
대표음식	🍴	아블로(Ablo), 푸푸(Fufu)

통가

Tonga
Kingdom of Tonga

빨간색 바탕의 왼쪽 상단에는 흰색 직사각형이 있으며 그 안에 빨간 십자가가 있다. 십자가는 통가의 오랜 기독교(Christianity) 전통을 반영하고, 빨간색은 그리스도와 그의 희생을 나타내며, 흰색은 순결을 상징한다. 통가의 국가 문장(紋章)에는 빨간 십자가가 있는 흰 육각 별이 있고, 방패에는 3개의 칼(통가의 과거 3왕조를 상징), 올리브 가지를 물고 있는 비둘기(평화), 3개의 별(통가의 주요 섬 3개)과 왕관(군주제)이 있다. 방패 위쪽에는 월계수 잎으로 장식된 왕관이, 아래에는 '신과 통가는 나의 유산'이라는 문구가 통가어로 쓰인 스크롤이 있다.

FACTS & FIGURES

위치	⊙	오세아니아 서경 175도, 남위 20도
국토면적(㎢)	🌐	747(서울시의 1.2배)
인구(명)	👫	106,095
수도	🛡	누쿠알로파(Nuku'alofa)
민족구성(인종)	🍰	통가(97%)
언어	🇦	영어, 통가어
종교	✝	기독교(82.7%), 로마 가톨릭(14.2%)
정치체제	🏛	입헌군주제
독립	🏆	1970. 06. 04(영국)
외교관계(한국)	🏳	1970. 09. 11
통화	💲	팡가(Pa'anga)
타임존	🕐	UTC+13
운전방향	◈	왼쪽
국제전화	📞	+676
인터넷	📶	.to
전압	💡	240V, 50Hz
소켓타입	☺	I
제1도시	📗	누쿠알로파(Nuku'alofa)
제2도시	📖	네이아푸(Neiafu)
대표음식	🍴	루풀루(Lu pulu)

투르크메니스탄

Turkmenistan

녹색 바탕 왼쪽의 빨간 띠 안에는 페르시아어로 꽃 또는 장미를 뜻하는 전통 문양 '굴'(Gul)이 있고, 그 오른쪽에는 흰 별 다섯 개와 초승달이 있다. 다섯 종류의 굴은 나라의 5대 부족인 테케, 요무트, 사리크, 초우두르, 아르사리를 나타낸다. 별과 초승달은 이슬람을, 5개의 별은 나라의 5개 주(州)를 상징한다. '굴'(Gul)은 예로부터 전해 오는 무늬로 전통과 문화를 상징하며, 빨간 띠 아랫부분의 올리브 잎은 1995년 유엔의 영구중립국 승인 결의 후 2001년에 국기에 새로이 추가되었다. 세계에서 가장 복잡한 국기이다. 국가 문장(紋章)에는 녹색의 8각 별 중앙에 세계적인 명마 아할테케(Akhal-Teke)가 있고, 그 주위를 5개 부족의 고유 카펫 문양과 밀 이삭과 목화, 5개의 흰 별과 초승달이 둘러싸고 있다.

FACTS & FIGURES

위치	◎	중앙 아시아
		동경 60도, 북위 40도
국토면적(㎢)	◉	488,100(한반도의 2.2배)
인구(명)	♔	5,528,627
수도	◉	아시가바트(Ashgabat)
민족구성(인종)	◑	투르크메니스탄(85%), 우즈베키스탄(5%)
언어	㊣	투르크메니스탄어
종교	†	이슬람교(89%), 동방정교(9%)
정치체제	🏛	대통령중심제
독립	♔	1991. 10. 27(구 소련)
외교관계(한국)	⚑	1992. 02. 07
통화	$	투르크메니스탄 마나트(Turkmenistani Manat)
타임존	◷	UTC+5
운전방향	◈	오른쪽
국제전화	☎	+993
인터넷	☞	.tm
전압	☀	220V, 50Hz
소켓타입	☺	B/C/F
제1도시	◼	아시가바트(Ashgabat)
제2도시	▯	투르크메나바트(Türkmenabat)
대표음식	♨	팔라우(Palaw)

투발루

Tuvalu

짙은 하늘색 바탕의 왼쪽 상단에는 영국 국기가 있고, 오른쪽에는 노란 5각 별 아홉 개가 있다. 영국 국기는 투발루가 영국(UK) 연방의 일원임을 알려주고 있으며, 9개의 노란 별은 투발루를 구성하는 9개의 섬을 지도상의 실제 위치에 따라 배열한 것이다. 국가 문장(紋章)의 노란 방패 테두리에는 바나나 잎(8개)과 조개(Mitre Sea Shells, 8개)가 장식되어 있고, 그 안에는 파란 배경에 녹색의 땅 위에 있는 미팅 홀(Maneapa)과 노란 물결이 있다. 방패 아래 노란 스크롤에는 국가 모토인 '전능함을 위한 투발루'(Tuvalu mo te Atua)가 투발루어로 적혀 있다.

FACTS & FIGURES

위치	◎	오세아니아 동경 178도, 남위 8도
국토면적(㎢)	◎	26
인구(명)	◎	11,342
수도	◎	푸나푸티(Funafuti)
민족구성(인종)	◎	투발루(86.8%), 키리바시(5.6%) 등
언어	◎	투발루어, 영어
종교	†	기독교(92.4%)
정치체제	◎	의원내각제
독립	◎	1978. 10. 01(영국)
외교관계(한국)	◎	1978. 11. 15
통화	$	투발루 달러(Tuvaluan Dollar), 호주 달러(Australian Dollar)
타임존	◎	UTC+12
운전방향	◎	왼쪽
국제전화	◎	+688
인터넷	◎	.tv
전압	◎	220V, 50Hz
소켓타입	◎	I
제1도시	◎	푸나푸티(Funafuti)
제2도시	◎	바이투푸(Vaitufu)
대표음식	◎	풀라카(Pulaka)

튀니지

Tunisia
Republic of Tunisia

빨간색 바탕에 흰색 원이 중앙에 있으며, 원 안에는 빨간색 초승달과 5각 별이 하나 있다. 빨간색 바탕에 흰 초승달과 흰 별이 있는 오스만 제국(Ottoman Empire)의 깃발에서 유래하였다. 빨간색은 압제에 대항하여 싸운 투쟁에서 순교자들이 흘린 피를 의미하고, 흰색은 평화를 상징한다. 초승달과 별은 이슬람의 전통적인 상징이며, 흰 원은 태양을 상징한다. 국가 문장(紋章)의 상단에는 흰 원 안에 초승달과 별이 있고, 그 아래 금색 방패에는 옛 카르타고의 갤리선(자유를 상징), 검을 들고 있는 사자(질서를 상징), 저울(정의를 상징)이 있다. 갤리선 아래 스크롤에는 튀니지의 국가 모토인 '자유-질서-정의'가 아랍어로 쓰여 있다.

FACTS & FIGURES

위치	⊙	북부 아프리카
		동경 9도, 북위 34도
국토면적(㎢)	⊕	163,610(한반도의 3/4)
인구(명)	⋔	11,721,177
수도	⊛	튀니스(Tunis)
민족구성(인종)	◔	아랍-베르베르(98%), 유럽(1%)
언어	文A	아랍어, 불어(상용)
종교	†	이슬람교(99.1%, 수니)
정치체제	🏛	이원집정부제
독립	⚱	1956. 03. 20(프랑스)
외교관계(한국)	⚑	1969. 03. 31
통화	$	튀니지 디나르(Tunisian Dinar)
타임존	⊙	UTC+1
운전방향	◈	오른쪽
국제전화	☎	+216
인터넷	📶	.tn
전압	💡	230V, 50Hz
소켓타입	☺	C/E
제1도시	📑	튀니스(Tunis)
제2도시	🔖	스팍스(Sfax)
대표음식	🍴	쿠스쿠스(Couscous), 캅카부(Kabkabou)

트리니다드토바고

Trinidad and Tobago
Republic of Trinidad and Tobago

땅, 바다, 불 또는 과거, 현재, 미래를 상징하는 삼색으로 되어 있으며, 붉은 바탕에 흰 테두리가 있는 검은 사선 띠가 왼쪽 위에서 오른쪽 아래로 뻗어 있다. 검은색은 국토와 국민의 헌신을 상징하며, 흰색은 섬을 둘러싼 바다, 국가 염원의 순수성, 평등을 의미하며, 빨간색은 태양의 따뜻함과 그 에너지, 국가와 국민의 활력, 그리고 사람들의 용기와 친절함을 나타낸다. 국가 문장(紋章) 속 방패에는 흰색의 셰브론 무늬(V자 문양), 벌새, 1498년 콜럼버스가 타고 왔던 3척의 배(산타마리아, 니냐, 핀타)가 있다. 방패 위에는 투구와 야자나무가, 좌우에는 국조(國鳥)인 홍따오기(Scarlet Ibis)와 차찰라카(Chachalaca, 꿩 종류)가 두 섬 위에 서 있다. 문장 하단에는 국가의 모토 '함께 열망하고, 함께 성취한다'가 쓰여 있다.

FACTS & FIGURES

위치	📍	중미 카리브 서경 61도, 북위 11도
국토면적(㎢)	🌐	5,128(서울시의 8.5배)
인구(명)	👫	1,208,789
수도	★	포트 오브 스페인(Port of Spain)
민족구성(인종)	🎨	동인도(35.4%), 아프리카(34.2%), 혼혈(23%)
언어	🗚	영어
종교	✝	기독교(32.1%), 로마 가톨릭(21.6%), 힌두교(18.2%)
정치체제	🏛	의원내각제
독립	🏆	1962. 08. 31(영국)
외교관계(한국)	🏳	1985. 07. 23
통화	💲	트리니다드토바고 달러(Trinidad & Tobago Dollar)
타임존	🕐	UTC-4
운전방향	◈	왼쪽
국제전화	📞	+1-868
인터넷	📶	.tt
전압	💡	115V, 60Hz
소켓타입	🙂	A/B
제1도시	🔖	차구아나스(Chaguanas)
제2도시	🔖	산페르난도(San Fernando)
대표음식	🍽	칼라루(Callaloo), 더블스(Doubles), 알루파이(Aloo Pie)

파나마

Panama
Republic of Panama

4개의 직사각형으로 구성되어 있으며, 흰 사각형에는 각각 빨간색 별과 파란색 별이 중앙에 있다. 파란색(보수당)과 빨간색(자유당)은 콜롬비아로부터 독립할 당시에 있었던 파나마의 양대 정당(政黨)의 색이며, 흰색은 이들 사이의 화합을 상징한다. 별은 새로운 나라 파나마를 상징하며, 파란 별은 순수와 정직을, 빨간 별은 국가의 권위와 법치를 나타낸다. 국가 문장(紋章) 속 방패에는 총칼(투쟁), 삽과 괭이(노동), 파나마 해협 위로 떠오르는 태양과 달, 금화를 내뿜는 풍요의 뿔(Cornucopia), 날개 달린 바퀴(진보)가 그려져 있으며, 그 위로 독수리가 파나마의 모토인 '세계의 이익을 위하여'(Pro Mundi Beneficio)가 적혀 있는 스크롤을 물고 있다. 방패 뒤에는 국기가, 문장 상단에는 10개의 별(지역)이 있다.

FACTS & FIGURES

위치	⊙ 중미
	서경 80도, 북위 9도
국토면적(㎢)	⊕ 75,420(한반도의 1/3)
인구(명)	♁ 3,894,082
수도	⊛ 파나마 시티(Panama City)
민족구성(인종)	◖ 메스티조(65%), 원주민(12.3%), 흑인(9.2%)
언어	㊂ 스페인어
종교	† 로마 가톨릭(85%), 기독교(15%)
정치체제	⌂ 대통령중심제
독립	♀ 1903. 11. 03(콜롬비아)
외교관계(한국)	⚐ 1962. 09. 30
통화	$ 미국 달러(US Dollar, 지폐), 발보아(Balboa, 동전)
타임존	⊙ UTC-5
운전방향	◇ 오른쪽
국제전화	☎ +507
인터넷	⌁ .pa
전압	⍉ 110V, 60Hz
소켓타입	☺ A/B
제1도시	▌ 파나마 시티(Panama City)
제2도시	⌑ 산 미겔리또(San Miguelito)
대표음식	⍾ 싼꼬초(Sancocho de gallina)

파라과이

Paraguay
Republic of Paraguay

앞면　　　　　　　　　　　　　뒷면

빨간색, 흰색, 파란색의 수평 띠로 이루어져 있으며, 중앙에는 국가 문장(紋章)이 있다(국기의 앞뒷면에 있는 문장의 모양이 다르다). 빨간색은 용기와 애국심을, 흰색은 통합과 평화를, 파란색은 자유와 관용을 상징하며 프랑스 국기에서 영감을 받았다. 국기 앞면 문장에는 녹색의 야자수(명예) 가지와 올리브(평화) 가지로 둘러싸인 노란 5각 별이 있고, 그 주위를 스페인어 'REPUBLICA DEL PARAGUAY'(파라과이 공화국)이 둘러싸고 있다. 국기 뒷면 문장에는 노란 사자 옆에 자유를 상징하는 빨간 프리기아 모자(Phrygian Cap, 고대 로마에서 노예가 해방되어 자유의 신분이 되면 쓰는 모자)가 폴대(Pole, 용기) 위에 올려져 있으며, 그 주위를 스페인어 'PAZ Y JUSTICIA'(평화와 정의)가 둘러싸고 있다.

FACTS & FIGURES

위치	◎ 남아메리카 서경 58도, 남위 23도
국토면적(㎢)	⑤ 406,752(한반도의 1.8배)
인구(명)	👫 7,191,685
수도	⊛ 아순시온(Asunción)
민족구성(인종)	◖ 메스티조(95%)
언어	㊛ 스페인어, 과라니어
종교	† 로마 가톨릭(89.6%)
정치체제	⛪ 대통령중심제
독립	⚘ 1811. 05. 14-15(스페인)
외교관계(한국)	⚐ 1962. 06. 12
통화	$ 과라니(Guarani)
타임존	◷ UTC-4
운전방향	◈ 오른쪽
국제전화	☎ +595
인터넷	🛜 .py
전압	💡 220V, 50Hz
소켓타입	☺ C
제1도시	▮ 아순시온(Asunción)
제2도시	◻ 시우다드 델 에스테(Ciudad del Este)
대표음식	🍴 소파 파라과야(Sopa Paraguaya)

파키스탄

Pakistan
Islamic Republic of Pakistan

녹색 바탕에 흰 '초승달과 5각 별'(이슬람을 상징)이 있고, 왼쪽에는 흰색의 수직 띠가 있다. 녹색은 다수의 이슬람교를 의미하고, 흰색 띠는 소수의 다른 종교를 상징한다. 초승달은 발전과 진보를, 5각 별은 이슬람교도가 반드시 지켜야 할 다섯 가지 의무이자 실천 의례-신앙고백(샤하다), 기도(살라트), 자선(자카트), 금식(사움), 메카 순례(핫즈)-를 의미한다. 파키스탄 국기는 이슬람교에 대한 헌신과 타 종교를 보호하려는 의지를 상징한다. 국가 문장(紋章) 속 방패에는 파키스탄의 주요 생산물인 목화, 차, 황마, 밀이 그려져 있고, 이를 국화인 수선화(Jasminum officinale) 꽃이 감싸고 있다. 방패 상단에는 초승달과 별이 있고, 하단의 스크롤에는 파키스탄의 모토인 '신뢰, 단결, 훈련'이 아랍어로 적혀 있다.

FACTS & FIGURES

위치	📍 남부 아시아 동경 70도, 북위 30도
국토면적(㎢)	🌐 796,095(한반도의 3.6배)
인구(명)	👥 233,500,636
수도	⭐ 이슬라마바드(Islamabad)
민족구성(인종)	🥧 펀자브(44.7%), 파슈툰(15.4%), 신디(14.1%)
언어	🅰 영어(공식), 우르두어(공식), 펀자브어(48%)
종교	✝ 이슬람교(96.4%, 국교)
정치체제	🏛 의원내각제
독립	🏆 1947. 08. 14(영국령 인도)
외교관계(한국)	🏁 1983. 11. 07
통화	💲 파키스탄 루피(Pakistani Rupee)
타임존	🕐 UTC+5
운전방향	◈ 왼쪽
국제전화	📞 +92
인터넷	📶 .pk
전압	💡 230V, 50Hz
소켓타입	⊙ C/D/G/M
제1도시	🔖 카라치(Karachi)
제2도시	🔖 라호르(Lahore)
대표음식	🍴 시크 케밥(Seekh Kebab), 비리아니(Biryani)

파푸아뉴기니

Papua New Guinea
Independent State of Papua New Guinea

빨간색과 검은색의 삼각형으로 구성되어 있으며, 오른쪽의 빨간 삼각형 안에는 날아오르는 극락조(Bird of Paradise)가 있다. 왼쪽의 검은색 삼각형 안에는 남십자성(Southern Cross)을 상징하는 흰색 5각별 다섯 개가 있다. 빨간색, 검은색, 노란색은 파푸아뉴기니의 전통적인 색이며, 극락조는 파푸아뉴기니에서만 볼 수 있는 새로, 파푸아뉴기니의 국가 탄생을 상징한다. 북위 30도 이남에서만 보이는 남십자성은 남반부에 위치한 파푸아뉴기니의 지리적 위치를 나타낸다. 국가 문장(紋章)에는 극락조가 날개를 펴고 파푸아뉴기니의 전통 북(Kundu)과 창 위에 앉아 있다.

FACTS & FIGURES

위치	◎	오세아니아
		동경 147도, 남위 6도
국토면적(㎢)	◐	462,840(한반도의 2.1배)
인구(명)	ⅲ	7,259,456
수도	☆	포트 모르즈비(Port Moresby)
민족구성(인종)	◔	멜라네시아, 파푸아, 니그리토 등
언어	ㄱA	톡 피신어, 히리모투어, 영어
종교	†	기독교(64.3%), 로마 가톨릭(26%)
정치체제	血	의원내각제
독립	♉	1975. 09. 16(신탁통치-호주)
외교관계(한국)	⌖	1976. 05. 19
통화	$	키나(Kina)
타임존	◴	UTC+10 ~ +11
운전방향	◈	왼쪽
국제전화	☎	+675
인터넷	⌢	.pg
전압	⏻	240V, 50Hz
소켓타입	☺	I
제1도시	▰	포트 모르즈비(Port Moresby)
제2도시	⎗	라에(Lae)
대표음식	⅟	무무(Mumu)

팔라우

Palau
Republic of Palau

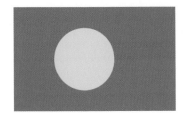

하늘색 바탕에 큰 노란 원이 중앙에서 약간 왼쪽으로 치우쳐 있다. 하늘색은 남태평양(Pacific Ocean) 을 의미하며 또한 외국의 지배에서 자치국으로의 전환을 상징한다. 노란 원은 보름달(Full Moon)을 나 타내며, 팔라우인들은 보름달이 뜨는 날은 인간이 활동하기에 최적의 시간이라고 여겨, 이때 각종 행사, 낚시, 파종, 수확, 나무 가지치기, 카누 만들기 등을 한다. 따라서 달은 평화, 사랑, 평온의 상징이다. 원 으로 된 국가 문장(紋章)에는 회의 장소로 사용되던 팔라우의 전통 목조 건물 바이(Bai)가 있으며, 그 앞에 16개의 돌과 'OFFICIAL SEAL'이라고 적힌 깃발이 있다. 상단에는 '팔라우 국민회의'(Olbiil era Kelulau), 아래에는 정식 국가명인 '팔라우 공화국'이 쓰여 있다.

FACTS & FIGURES

위치	⊚	오세아니아
		동경 134도 30분, 북위 7도 30분
국토면적(㎢)	⑤	459(서울시의 3/4)
인구(명)	ⅰⅰ	21,685
수도	⊙	응게룰무드(Ngerulmud)
민족구성(인종)	◖	팔라우(73%), 아시아(21.7%)
언어	ㆄA	팔라우어, 영어
종교	†	로마 가톨릭(45.3%), 기독교(34.9%)
정치체제	⌂	대통령중심제
독립	⚑	1994. 10. 01(신탁통치-미국)
외교관계(한국)	⚐	1995. 03. 22
통화	$	미국 달러(US Dollar)
타임존	⊙	UTC+9
운전방향	◈	오른쪽
국제전화	☏	+680
인터넷	⌄	.pw
전압	⚡	120V, 60Hz
소켓타입	☺	A/B
제1도시	▮	코로르(Koror)
제2도시	▯	아이라이(Airai)
대표음식	⅋	박쥐 스프(Bat Soup)

팔레스타인

Palestine
State of Palestine

범(汎)아랍 색상인 검은색, 흰색, 녹색의 수평 띠로 이루어져 있으며, 왼쪽에는 아랍 혁명을 상징하는 빨간 이등변 삼각형이 있다. 1964년 팔레스타인 해방기구(Palestine Liberation Organization)에 의해 제정되었으며, 오스만 제국(Ottoman Empire)으로부터 독립 투쟁을 한 1916년 '아랍 혁명'(The Arab Revolt)기에서 유래하였다. 국가 문장(紋章)에는 '살라딘의 독수리'(Eagle of Saladin)가 있고, 가슴에는 방패 모양의 팔레스타인 국기가 있다. 그 아래에는 아랍어로 '팔레스타인 자치정부'라고 쓰여 있다. 살라딘(Saladin, 1137-93)은 12세기 십자군의 침입에 맞서 아랍을 지킨 영웅이다.

FACTS & FIGURES

위치	📍	중동
		동경 35도 12분, 북위 31도 54분
국토면적(㎢)	🌐	6,020(서울시의 10배)
인구(명)	👫	5,101,414
수도	🏙️	라말라(Ramallah, 임시행정수도)
민족구성(인종)	🥧	팔레스타인
언어	🔤	아랍어
종교	✝	이슬람교(98%)
정치체제	🏛️	이원집정부제
독립	🏆	2012. 11. 29(국가지위 획득)
외교관계(한국)	🚩	미수교
통화	💲	이스라엘 신 셰켈(Israeli New Shekel)
타임존	🕐	UTC+2
운전방향	◈	오른쪽
국제전화	📞	+970
인터넷	📶	.ps
전압	💡	230V, 50Hz
소켓타입	🙂	C/H
제1도시	📕	가자(Gaza)
제2도시	🔖	예루살렘(Jerusalem)
대표음식	🍴	무사칸(Musakhan)

예루살렘(Jerusalem)은 팔레스타인의 법률상 수도이다.

페루

Peru
Republic of Peru

빨간색, 흰색, 빨간색의 수직 띠로 이루어져 있으며, 페루의 국가 문장(紋章)이 중앙에 있다. 빨간색은 독립을 위해 치른 희생을 나타내고, 흰색은 평화를 상징한다. 문장 속 방패에는 페루에서만 서식하는 동물 비쿠냐(Vicuna), 페루의 국가 나무인 키나 나무(Cinchona, 말라리아의 약과 강장제의 원료), 황금 동전이 나오고 있는 풍요의 뿔(Cornucopia)이 있다. 방패 상단에는 떡갈나무 잎으로 만든 관(Civic Crown, 고대 로마에서 시민의 생명을 구한 병사에게 준 떡갈나무 잎으로 만든 관)이 있고, 야자수(명예)와 올리브(평화) 화환이 리본에 묶여 방패 주위를 감싸고 있다. 정부 등의 공식적인 기관에서는 국가 문장(紋章)이 있는 기를 사용하며, 민간에서는 문장이 없는 기를 사용한다.

FACTS & FIGURES

위치	📍	남아메리카 서경 76도, 남위 10도
국토면적(㎢)	🌐	1,285,216(한반도의 5.8배)
인구(명)	👫	31,914,989
수도	⭐	리마(Lima)
민족구성(인종)	🥧	메스티조(60.2%), 아메린디언(25.8%)
언어	🗛	스페인어, 케추아어, 아이마라어
종교	✝	로마 가톨릭(60%), 기독교(14.6%)
정치체제	🏛	대통령중심제
독립	🏆	1821. 07. 28(스페인)
외교관계(한국)	🚩	1963. 04. 01
통화	💲	솔(Sol)
타임존	🕐	UTC-5
운전방향	◇	오른쪽
국제전화	📞	+51
인터넷	📶	.pe
전압	💡	220V, 60Hz
소켓타입	🔌	A/B/C
제1도시	🔖	리마(Lima)
제2도시	🔖	아레키파(Arequipa)
대표음식	🍴	세비체(Ceviche)

포르투갈

Portugal
Portuguese Republic

2:3의 비율로 녹색과 빨간색의 직사각형이 수직으로 배치되어 있고, 중앙에서 약간 왼쪽에는 국가 문장(紋章)이 있다. 녹색은 희망을, 빨간색은 나라를 수호하는 데 흘린 피를 상징한다. 문장에는 천체 관측기구인 노란 혼천의(Armillary Sphere)가 있다. 이는 대항해시대에 새로운 항로를 발견한 포르투갈의 위대한 역사를 의미한다. 그 앞에 놓인 빨간 방패에는 7개의 노란 성과 5개의 파란 방패가 있다. 레콩키스타(Reconquista, 718-1492, 국토수복운동)시, 아폰수 1세가 (Afonso I) 5명의 무어 왕을 이기고, 뒤를 이은 아폰수 3세가 7개 성을 되찾아, 국토수복운동을 완수한 것을 의미한다. 포르투갈 국기를 의미하는 녹색과 빨간색 리본으로 묶인 노란 올리브 가지가 혼천의를 둘러싸고 있다.

FACTS & FIGURES

위치	📍	서유럽
		서경 8도, 북위 39도 30분
국토면적(㎢)	🌐	92,090(한반도의 3/7)
인구(명)	👫	10,302,674
수도	⭐	리스본(Lisbon)
민족구성(인종)	🥧	포르투갈
언어	🗛	포르투갈어
종교	✝	로마 가톨릭(81%)
정치체제	🏛	이원집정부제
독립	🏆	1910. 10. 05(공화국 선포)
외교관계(한국)	🚩	1961. 04. 15
통화	💲	유로(Euro)
타임존	🕐	UTC+0
운전방향	🔶	오른쪽
국제전화	📞	+351
인터넷	📶	.pt
전압	💡	230V, 50Hz
소켓타입	⊙	C/F
제1도시	🔖	리스본(Lisbon)
제2도시	📑	빌라노바드가이아(Vila Nova de Gaia)
대표음식	🍴	코지두(Cozido), 바칼라우(Bacalhau)
		프란세지냐(Francesinha)

폴란드

Poland

Republic of Poland

흰색과 빨간색의 수평 띠로 이루어져 있으며, 컬러는 중세 시대에 사용되었던 깃발(빨간 바탕에 흰 독수리)에서 유래하였다. 인도네시아(Indonesia), 모나코(Monaco) 국기와 유사하다(색 배치가 반대이다). 국가 문장(紋章)의 빨간 방패 안에는 금색 부리와 금색 발톱을 한 황금 왕관을 쓴 흰색 독수리가 있다.

FACTS & FIGURES

위치	◎	중부 유럽
		동경 20도, 북위 52도
국토면적(㎢)	◐	312,685(한반도의 1.4배)
인구(명)	♔	38,282,325
수도	◉	바르샤바(Warsaw)
민족구성(인종)	◔	폴란드(96.9%)
언어	ㆆA	폴란드어
종교	†	로마 가톨릭(85.6%)
정치체제	🏛	의원내각제
독립	♀	1918. 11. 11(공화국 선포)
외교관계(한국)	⚐	1989. 11. 01
통화	$	즈워티(Złoty)
타임존	◷	UTC+1
운전방향	◈	오른쪽
국제전화	☎	+48
인터넷	📶	.pl
전압	♀	230V, 50Hz
소켓타입	☺	C/E
제1도시	📕	바르샤바(Warsaw)
제2도시	📖	크라쿠프(Kraków)
대표음식	❖	비고스(Bigos), 피에로기(Pierogi)
		코틀레트 스하보비(Kotlet Schabowy)

프랑스

France
French Republic

'삼색기'(Tricolor)로 불리며, 파란색(자유), 흰색(평등), 빨간색(우애)의 수직 띠로 이루어져 있다. 1790년 프랑스 혁명 중에 파리의 민병대가 모자에 착용했던 표식에서 유래하였으며, 여기에 흰색이 결합하여 오늘날의 프랑스 국기가 되었다. 혁명으로 탄생한 프랑스공화국은 국가 문장(紋章)이 귀족주의와 연관이 깊다고 생각하여, 전통적인 문장(紋章) 규정을 벗어난 형태로 사용을 최소한으로 하고 있으며, 국기만이 유일한 국가의 상징이다(프랑스 헌법 2조). 제5공화국(1958~현재)의 문장은 사자와 독수리 머리가 있는 방패 뒤에 속간(束桿, Fasces, 정의의 상징)이 있으며, 그 옆에 올리브(평화) 가지와 참나무(영속, 지혜) 가지가 장식되어 있다. RF는 프랑스공화국(République Française)을 뜻한다.

FACTS & FIGURES

위치	📍	서유럽
		동경 2도, 북위 46도
국토면적(㎢)	🌐	643,801(한반도의 3배)
인구(명)	👫	67,848,156
수도	⭐	파리(Paris)
민족구성(인종)	🥧	프랑스, 북아프리카
언어	🗣	불어
종교	✝	로마 가톨릭(63%), 이슬람교(7%)
정치체제	🏛	이원집정부제
독립	🏆	1792. 09. 22(공화국 선포)
외교관계(한국)	🚩	1949. 02. 15
통화	💲	유로(Euro)
타임존	🕐	UTC+1
운전방향	◇	오른쪽
국제전화	📞	+33
인터넷	📶	.fr
전압	💡	230V, 50Hz
소켓타입	☺	C/E
제1도시	📗	파리(Paris)
제2도시	🔖	마르세유(Marseille)
대표음식	🍴	포토푀(Pot-au-feu), 코코뱅(Coq au vin)
		부야베스(Bouillabaisse)

피지

Fiji
Republic of Fiji

하늘색 바탕의 왼쪽 상단에는 영국 국기가 있고, 오른쪽에는 국가 문장(紋章)의 일부인 방패가 있다. 방패 상단에는 노란색 영국 사자가 코코넛 깍지를 두 발로 잡고 있고, 그 아래 흰색 바탕에는 전쟁의 수호신 성 조지(St. George)의 빨간색 십자가, 사탕수수, 야자나무, 바나나 다발과 올리브 가지를 물고 있는 비둘기가 있다. 사탕수수, 야자나무, 바나나는 피지의 주요 생산물을 의미한다. 방패 위에는 피지의 전통 카누(Takia)가 있고, 그 좌우로 '투푸술루'(Tupu Sulu)를 걸치고 창과 파인애플 곤봉을 든 쌍둥이 피지 전사가 있다. 방패 아래에는 '신을 두려워하고 여왕께 경의를 표하라'(Rerevaka na kalou ka doka na Tui)는 국가 모토가 피지어로 쓰여 있다.

FACTS & FIGURES

위치	⊙ 오세아니아 동경 175도, 남위 18도
국토면적(㎢)	🌐 18,274(한반도의 1/12)
인구(명)	👫 935,974
수도	⊛ 수바(Suva)
민족구성(인종)	◕ 피지(56.8%), 인도-피지(37.5%)
언어	🅰 영어, 피지어, 힌두어
종교	✝ 기독교(45%), 힌두교(27.9%)
정치체제	🏛 의원내각제
독립	⚱ 1970. 10. 10(영국)
외교관계(한국)	⚑ 1971. 01. 30
통화	$ 피지 달러(Fijian Dollar)
타임존	⊙ UTC+12
운전방향	◈ 왼쪽
국제전화	📞 +679
인터넷	🛜 .fj
전압	💡 240V, 50Hz
소켓타입	☺ I
제1도시	🔖 수바(Suva)
제2도시	🔖 라우토카(Lautoka)
대표음식	🍴 코코다(Kokoda), 로보(Lovo), 팔루사미(Palusami)

핀란드

Finland
Republic of Finland

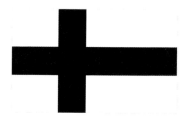

'청십자기'(Blue Cross Flag)로 불리는 핀란드 국기는, 흰색 바탕에 짙은 파란색 십자가가 있으며, 십자가의 수직 띠는 약간 왼쪽으로 치우쳐 있다. 파란색은 핀란드 전역에 있는 수천 개의 호수와 하늘을, 흰색은 국토를 덮고 있는 눈을 상징한다. 1580년부터 사용해 온 국가 문장(紋章)인 빨간 방패에는 왕관을 쓴 황금 사자가, 사람 손 모양의 오른발로 칼을 들고 바닥에 놓인 굽은 러시아 칼(Russian Sabre)을 발로 밟고 있는 모습이 그려져 있다. 사자 주위에는 아홉 개의 은색 장미(Silver Roses)가 장식되어 있다.

FACTS & FIGURES

위치	⊙ 북유럽 동경 26도, 북위 64도
국토면적(㎢)	🌐 338,145(한반도의 1.5배)
인구(명)	👫 5,571,665
수도	⊛ 헬싱키(Helsinki)
민족구성(인종)	◗ 핀란드, 스웨덴, 러시아
언어	⽂ 핀란드어
종교	† 루터교(69.8%)
정치체제	🏛 의원내각제
독립	⚲ 1917. 12. 06(구 러시아)
외교관계(한국)	⚑ 1973. 08. 24
통화	$ 유로(Euro)
타임존	⊙ UTC+2
운전방향	◈ 오른쪽
국제전화	📞 +358
인터넷	🛜 .fi
전압	💡 230V, 50Hz
소켓타입	☺ C/F
제1도시	📕 헬싱키(Helsinki)
제2도시	🔖 에스푸(Espoo)
대표음식	🍴 까르얄란빠이스티(Karjalanpaisti) 바이스테비두스(Sautéed reindeer)

필리핀

Philippines
Republic of the Philippines

파란색, 빨간색의 수평 띠로 구성되어 있으며, 왼쪽에는 흰 정삼각형이 있다. 삼각형의 중심에는 8개의 광선이 뻗어 나가는 태양이 있고, 모서리에는 노란 5각 별이 하나씩 있다. 파란색은 평화와 정의를 상징하고, 빨간색은 용기를, 흰색의 정삼각형은 평등을 상징한다. 8개의 태양 광선은 스페인으로부터 독립할 때 함께 했던 여덟(8) 지역을 나타내고, 3개의 별은 필리핀의 주요 섬 루손섬, 비사야 제도, 민다나오섬을 상징한다. 전시(戰時)에는 파란 띠와 빨간 띠가 바뀐 깃발이 게양된다. 국가 문장(紋章) 속 국기를 형상화한 방패에는 태양과 별, 독수리, 황금사자가 있고, 그 아래 스크롤에는 '필리핀 공화국'이 적혀 있다. 독수리와 사자는 각각 미국과 스페인을 뜻하며, 식민 통치를 받았던 필리핀의 과거를 의미한다.

FACTS & FIGURES

위치	⊙ 동남 아시아
	동경 122도, 북위 13도
국토면적(㎢)	⊕ 300,000(한반도의 1.4배)
인구(명)	⍦ 109,180,815
수도	⊙ 마닐라(Manila)
민족구성(인종)	◔ 타갈로그(24.4%), 비사야(11.4%) 등
언어	文A 필리핀어, 영어
종교	† 로마 가톨릭(80.6%), 기독교(8.2%)
정치체제	🏛 대통령중심제
독립	⚘ 1946. 07. 04(미국)
외교관계(한국)	⚐ 1949. 03. 03
통화	$ 필리핀 페소(Philippine Peso)
타임존	⊙ UTC+8
운전방향	◇ 오른쪽
국제전화	☎ +63
인터넷	⌁ .ph
전압	⚡ 220V, 60Hz
소켓타입	☺ A/B/C
제1도시	▌ 마닐라(Manila)
제2도시	⛉ 세부(Cebu)
대표음식	⍟ 아도보(Adobo), 알리망오(Alimango), 시식(Sisig)

헝가리

Hungary

빨간색, 흰색, 녹색의 수평 띠로 구성되어 있다. 빨간색은 나라를 지킨 영웅들의 피와 힘을 의미하고, 흰색은 신의와 자유를, 녹색은 희망과 국토의 대부분을 차지하는 목초지를 나타낸다. 국가 문장(紋章)의 상단에는 헝가리의 대표적인 보물 '성 이슈트반 왕관'(Holy Crown of St. Stephen I, 국권 상징)이 있다. 아래 방패의 왼쪽에는 빨간색과 흰색의 아르파드 줄무늬(Árpád Stripe, 헝가리 왕국을 건립하고 기독교를 받아들였던 아르파드 왕가의 문양)가 있고, 4개의 흰색 줄은 헝가리를 흐르는 도나우강, 티서강, 드라바강, 사바강을 나타낸다. 오른쪽의 녹색 산봉우리(3개의 산맥)에는 금색 왕관이 씌워져 있으며, 그 뒤로 흰색 대주교 십자가(Patriarchal Cross, Double Cross)가 있다.

FACTS & FIGURES

위치	◎	중부 유럽
		동경 20도, 북위 47도
국토면적(㎢)	◐	93,028(한반도의 3/7)
인구(명)	ⅲ	9,771,827
수도	⍟	부다페스트(Budapest)
민족구성(인종)	◖	헝가리(85.6%), 루마니아(3.2%)
언어	⍰	헝가리어
종교	†	로마 가톨릭(37.2%), 기독교(13.8%)
정치체제	⌂	의원내각제
독립	⚲	1867. 03. 30(오스트리아-헝가리제국 건국)
외교관계(한국)	⚑	1989. 02. 01
통화	$	포린트(Forint)
타임존	◔	UTC+1
운전방향	◈	오른쪽
국제전화	☎	+36
인터넷	⌁	.hu
전압	⚲	230V, 50Hz
소켓타입	☺	C/F
제1도시	▮	부다페스트(Budapest)
제2도시	⎙	데브레첸(Debrecen)
대표음식	⍟	굴라시(Goulash), 할라슬리(Halászlé), 랑고스(Lángos)

플러그와 소켓 타입 (Plug & Socket Type)

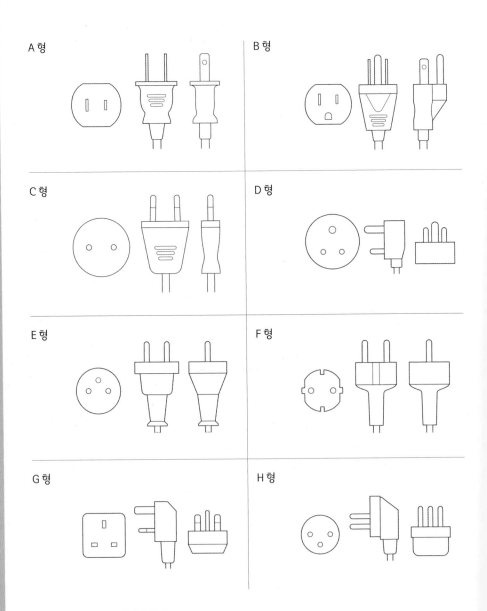

A 형

B 형

C 형

D 형

E 형

F 형

G 형

H 형

I 형

J 형

K 형

L 형

M 형

N 형

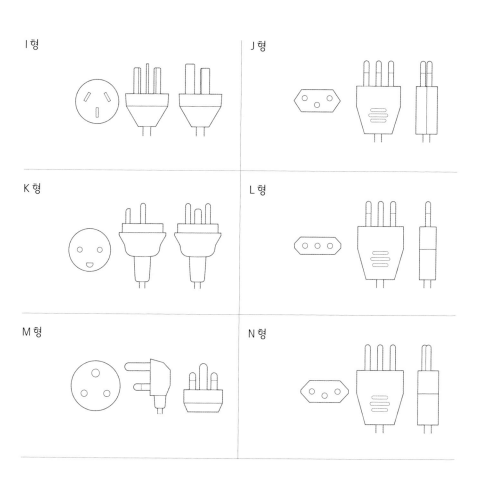

국가별 인구 (Population by Country)

No	국가	인구(명)	No	국가	인구(명)
1	중국	1,394,015,977	34	우간다	43,252,966
2	인도	1,326,093,247	35	알제리	42,972,878
3	미국	332,639,102	36	이라크	38,872,655
4	인도네시아	267,026,366	37	폴란드	38,282,325
5	파키스탄	233,500,636	38	캐나다	37,694,085
6	나이지리아	214,028,302	39	아프가니스탄	36,643,815
7	브라질	211,715,973	40	모로코	35,561,654
8	방글라데시	162,650,853	41	사우디아라비아	34,173,498
9	러시아	141,722,205	42	말레이시아	32,652,083
10	멕시코	128,649,565	43	앙골라	32,522,339
11	일본	125,507,472	44	페루	31,914,989
12	필리핀	109,180,815	45	우즈베키스탄	30,565,411
13	에티오피아	108,113,150	46	네팔	30,327,877
14	이집트	104,124,440	47	모잠비크	30,098,197
15	콩고민주공화국	101,780,263	48	예멘	29,884,405
16	베트남	98,721,275	49	가나	29,340,248
17	이란	84,923,314	50	베네수엘라	28,644,603
18	터키	82,017,514	51	카메룬	27,744,989
19	독일	80,159,662	52	코트디부아르	27,481,086
20	타이	68,977,400	53	마다가스카르	26,955,737
21	프랑스	67,848,156	54	북한	25,643,466
22	영국	65,761,117	55	오스트레일리아	25,466,459
23	이탈리아	62,402,659	56	타이완	23,603,049
24	탄자니아	58,552,845	57	스리랑카	22,889,201
25	미얀마	56,590,071	58	니제르	22,772,361
26	남아프리카공화국	56,463,617	59	루마니아	21,302,893
27	케냐	53,527,936	60	말라위	21,196,629
28	대한민국	51,835,110	61	부르키나파소	20,835,401
29	스페인	50,015,792	62	말리	19,553,397
30	콜롬비아	49,084,841	63	시리아	19,398,448
31	수단	45,561,556	64	카자흐스탄	19,091,949
32	아르헨티나	45,479,118	65	칠레	18,186,770
33	우크라이나	43,922,939	66	잠비아	17,426,623

No	국가	인구(명)	No	국가	인구(명)
67	네덜란드	17,280,397	100	스위스	8,403,994
68	과테말라	17,153,288	101	라오스	7,447,396
69	캄보디아	16,926,984	102	파푸아뉴기니	7,259,456
70	에콰도르	16,904,867	103	파라과이	7,191,685
71	차드	16,877,357	104	세르비아	7,012,165
72	세네갈	15,736,368	105	불가리아	6,966,899
73	짐바브웨	14,546,314	106	리비아	6,890,535
74	베냉	12,864,634	107	시에라리온	6,624,933
75	르완다	12,712,431	108	엘살바도르	6,481,102
76	기니	12,527,440	109	싱가포르	6,209,660
77	부룬디	11,865,821	110	니카라과	6,203,441
78	소말리아	11,757,124	111	에리트레아	6,081,196
79	튀니지	11,721,177	112	중앙아프리카공화국	5,990,855
80	벨기에	11,720,716	113	키르기스스탄	5,964,897
81	볼리비아	11,639,909	114	덴마크	5,869,410
82	아이티	11,067,777	115	핀란드	5,571,665
83	쿠바	11,059,062	116	투르크메니스탄	5,528,627
84	요르단	10,820,644	117	레바논	5,469,612
85	체코	10,702,498	118	노르웨이	5,467,439
86	그리스	10,607,051	119	슬로바키아	5,440,602
87	남수단	10,561,244	120	콩고	5,293,070
88	도미니카공화국	10,499,707	121	아일랜드	5,176,569
89	포르투갈	10,302,674	122	팔레스타인	5,101,414
90	아제르바이잔	10,205,810	123	코스타리카	5,097,988
91	스웨덴	10,202,491	124	라이베리아	5,073,296
92	아랍에미리트	9,992,083	125	뉴질랜드	4,925,477
93	헝가리	9,771,827	126	오만	4,664,844
94	벨라루스	9,477,918	127	크로아티아	4,227,746
95	온두라스	9,235,340	128	모리타니	4,005,475
96	타지키스탄	8,873,669	129	조지아	3,997,000
97	오스트리아	8,859,449	130	파나마	3,894,082
98	이스라엘	8,675,475	131	보스니아헤르체고비나	3,835,586
99	토고	8,608,444	132	우루과이	3,387,605

국가별 인구 (Population by Country)

No	국가	인구(명)	No	국가	인구(명)
133	몰도바	3,364,496	166	몬테네그로	609,859
134	몽골	3,168,026	167	수리남	609,569
135	알바니아	3,074,579	168	카보베르데	583,255
136	아르메니아	3,021,324	169	브루나이	464,478
137	쿠웨이트	2,993,706	170	몰타	457,267
138	자메이카	2,808,570	171	벨리즈	399,598
139	리투아니아	2,731,464	172	몰디브	391,904
140	나미비아	2,630,073	173	아이슬란드	350,734
141	카타르	2,444,174	174	바하마	337,721
142	보츠와나	2,317,233	175	바누아투	298,333
143	가봉	2,230,908	176	바베이도스	294,560
144	감비아	2,173,999	177	상투메프린시페	211,122
145	북마케도니아	2,125,971	178	사모아	203,774
146	슬로베니아	2,102,678	179	세인트루시아	166,487
147	레소토	1,969,334	180	그레나다	113,094
148	코소보	1,932,774	181	키리바시	111,796
149	기니비사우	1,927,104	182	통가	106,095
150	라트비아	1,881,232	183	미크로네시아	102,436
151	바레인	1,505,003	184	세인트빈센트그레나딘	101,390
152	동티모르	1,383,723	185	앤티가바부다	98,179
153	모리셔스	1,379,365	186	세이셸	95,981
154	사이프러스	1,266,676	187	마셜제도	77,917
155	에스토니아	1,228,624	188	안도라	77,000
156	트리니다드토바고	1,208,789	189	도미니카연방	74,243
157	에스와티니	1,104,479	190	세인트키츠네비스	53,821
158	피지	935,974	191	리히텐슈타인공국	39,137
159	지부티	921,804	192	모나코	39,000
160	코모로	846,281	193	산마리노	34,232
161	적도기니	836,178	194	팔라우	21,685
162	부탄	782,318	195	투발루	11,342
163	가이아나	750,204	196	나우루	11,000
164	솔로몬제도	685,097	197	바티칸시국(교황청)	1,000
165	룩셈부르크	628,381			

No	국가	면적(㎢)	No	국가	면적(㎢)
1	러시아	17,098,242	34	모잠비크	799,380
2	캐나다	9,984,670	35	파키스탄	796,095
3	미국	9,833,517	36	터키	783,562
4	중국	9,596,960	37	칠레	756,102
5	브라질	8,515,770	38	잠비아	752,618
6	오스트레일리아	7,741,220	39	미얀마	676,578
7	인도	3,287,263	40	아프가니스탄	652,230
8	아르헨티나	2,780,400	41	남수단	644,329
9	카자흐스탄	2,724,900	42	프랑스	643,801
10	알제리	2,381,740	43	소말리아	637,657
11	콩고민주공화국	2,344,858	44	중앙아프리카공화국	622,984
12	사우디아라비아	2,149,690	45	우크라이나	603,550
13	멕시코	1,964,375	46	마다가스카르	587,041
14	인도네시아	1,904,569	47	보츠와나	581,730
15	수단	1,861,484	48	케냐	580,367
16	리비아	1,759,540	49	예멘	527,968
17	이란	1,648,195	50	타이	513,120
18	몽골	1,564,116	51	스페인	505,370
19	페루	1,285,216	52	투르크메니스탄	488,100
20	차드	1,284,000	53	카메룬	475,440
21	니제르	1,267,000	54	파푸아뉴기니	462,840
22	앙골라	1,246,700	55	스웨덴	450,295
23	말리	1,240,192	56	우즈베키스탄	447,400
24	남아프리카공화국	1,219,090	57	모로코	446,550
25	콜롬비아	1,138,910	58	이라크	438,317
26	에티오피아	1,104,300	59	파라과이	406,752
27	볼리비아	1,098,581	60	짐바브웨	390,757
28	모리타니아	1,030,700	61	일본	377,915
29	이집트	1,001,450	62	독일	357,022
30	탄자니아	947,300	63	콩고	342,000
31	나이지리아	923,768	64	핀란드	338,145
32	베네수엘라	912,050	65	베트남	331,210
33	나미비아	824,292	66	말레이시아	329,847

국가별 면적 (Area by Country)

No	국가	면적(km²)	No	국가	면적(km²)
67	노르웨이	323,802	100	베냉	112,622
68	코트디부아르	322,463	101	온두라스	112,090
69	폴란드	312,685	102	라이베리아	111,369
70	오만	309,500	103	불가리아	110,879
71	이탈리아	301,340	104	쿠바	110,860
72	필리핀	300,000	105	과테말라	108,889
73	에콰도르	283,561	106	아이슬란드	103,000
74	부르키나파소	274,200	107	대한민국	99,720
75	뉴질랜드	268,838	108	헝가리	93,028
76	가봉	267,667	109	포르투갈	92,090
77	기니	245,857	110	요르단	89,342
78	영국	243,610	111	아제르바이잔	86,600
79	우간다	241,038	112	오스트리아	83,871
80	가나	238,533	113	아랍에미리트	83,600
81	루마니아	238,391	114	체코	78,867
82	라오스	236,800	115	세르비아	77,474
83	가이아나	214,969	116	파나마	75,420
84	벨라루스	207,600	117	시에라리온	71,740
85	키르기스스탄	199,951	118	아일랜드	70,273
86	세네갈	196,722	119	조지아	69,700
87	시리아	187,437	120	스리랑카	65,610
88	캄보디아	181035	121	리투아니아	65,300
89	우루과이	176,215	122	라트비아	64,589
90	수리남	163,820	123	토고	56,785
91	튀니지	163,610	124	크로아티아	56,594
92	방글라데시	148,460	125	보스니아헤르체고비나	51,197
93	네팔	147,181	126	코스타리카	51,100
94	타지키스탄	144,100	127	슬로바키아	49,035
95	그리스	131,957	128	도미니카공화국	48,670
96	니카라과	130,370	129	에스토니아	45,228
97	북한	120,538	130	덴마크	43,094
98	말라위	118,484	131	네덜란드	41,543
99	에리트레아	117,600	132	스위스	41,277

No	국가	면적(㎢)	No	국가	면적(㎢)
133	부탄	38,394	166	브루나이	5,765
134	기니비사우	36,125	167	트리니다드토바고	5,128
135	타이완	35,980	168	카보베르데	4,033
136	몰도바	33,851	169	사모아	2,831
137	벨기에	30,528	170	룩셈부르크	2,586
138	레소토	30,355	171	코모로	2,235
139	아르메니아	29,743	172	모리셔스	2,040
140	솔로몬제도	28,896	173	상투메프린시페	964
141	알바니아	28,748	174	키리바시	811
142	적도기니	28,051	175	바레인	760
143	부룬디	27,830	176	도미니카연방	751
144	아이티	27,750	177	통가	747
145	르완다	26,338	178	싱가포르	719
146	북마케도니아	25,713	179	미크로네시아	702
147	지부티	23,200	180	세인트루시아	616
148	벨리즈	22,966	181	안도라	468
149	이스라엘	21,937	182	팔라우	459
150	엘살바도르	21,041	183	세이셸	455
151	슬로베니아	20,273	184	앤티가바부다	443
152	피지	18,274	185	바베이도스	430
153	쿠웨이트	17,818	186	세인트빈센트그레나딘	389
154	에스와티니	17,364	187	그레나다	344
155	동티모르	14,874	188	몰타	316
156	바하마	13,880	189	몰디브	298
157	몬테네그로	13,812	190	세인트키츠네비스	261
158	바누아투	12,189	191	마셜제도	181
159	카타르	11,586	192	리히텐슈타인공국	160
160	감비아	11,300	193	산마리노	61
161	자메이카	10,991	194	투발루	26
162	코소보	10,887	195	나우루	21
163	레바논	10,400	196	모나코	2
164	사이프러스	9,251	197	바티칸시국(교황청)	0.44
165	팔레스타인	6,020			

더 월드 197

글/구성 김명원

초판 1쇄 2020년 10월 6일

발행인 김정일
펴낸곳 도서출판 피치플럼
출판등록 251002017000131 (2017년 9월 21일)
전화 031-924-2977
팩스 031-924-1561
이메일 blossom@peachplum.co.kr
가격: 18,000원

ISBN 979-11-90212-19-9 03980
© 2020 피치플럼

이 도서의 국립중앙도서관 출판예정도서목록(CIP)은 서지정보유통지원시스템 홈페이지(http://seoji.nl.go.kr)와
국가자료종합목록 구축시스템(http://kolis-net.nl.go.kr)에서 이용하실 수 있습니다. (CIP 제어번호: 2020039906)